U0161528

一步万里阔

重器 奇仪

探索科学博物馆

[英]
塞缪尔·艾伯蒂 著
刘骁 译

CURIOUS DEVICES AND MIGHTY MACHINES

SAMUEL J.M.M. ALBERTI

中国工人出版社

目 录

引 言 ... 1

第一章 馆藏是如何形成的 ... 37

第二章 收集科学 ... 85

第三章 库房里的珍宝 ... 130

第四章 与藏品互动 ... 177

第五章 利用藏品开展的运动 ... 230

第六章 活跃的藏品 ... 260

注 释 ... 269

精选书目 ... 301

引　言

想象一下现在位于苏格兰国立博物馆（National Museum of Scotland）内的长 2 米、重 2 吨的金属机器（图 1）。2014 年，一名记者将这种装置描述为“科幻黄金时代的铜制机器人的半身像，它有着球形的脑袋、带螺纹的皮肤、红色的独眼和从胸部伸出的猛禽一样的银色爪子”。[1] 但这并不是科幻小说，而是科学事实。这台看似粗制的装置实际上是高精度科学仪器的一部分，而如果往它的内部看去，会发现它含有世界上加工程度最高的铜（图 2）。这个装置是位于日内瓦的欧洲核子研究组织（European Organization for Nuclear Research）所使用的 128 个加速腔之一，这些加速腔曾被这个世界上最大的实验室安装在大型正负电子对撞机的巨大环路周围。它们的用途是在 27 公里的范围内搅拌亚原子粒子循环，使这些粒子碰撞在一起，相互湮灭，并从它们所产生的能量中形成新的粒子。1989 年至 1995 年，这些加速腔一直在运行，但后来它们被大型强子对撞机所取代——欧洲核子研究组织的科学家们曾用这台新仪器来辨别希格斯玻色子（所谓的

图 1 这并不是“科幻黄金时代的铜制机器人”，而是由欧洲核子研究组织捐赠给苏格兰国家博物馆集团的科学藏品——大型正负电子对撞机上的射频加速腔，该机器曾于 1989 年至 1995 年运行。

“上帝粒子”）的存在。

欧洲核子研究组织将退役的正负电子对撞机的部件分发到世界各地：不仅包括实验室和大学，还有博物馆。图 1 中的这个部件在爱丁堡，正被我所在的博物馆安排在 3 楼展出。对于对撞机来说，这里似乎是个新奇的地方。博物馆不是展示奇特物品或文物的地方吗？比如古代陶器、恐龙或者文艺复兴时期的杰作。博物馆是为那些远逝的或不可思议的精美之物而设的宝库，而不是为了收藏展示那些庞大的、近期才过时的工程机器吧？

这本书就是关于为什么上面提到的这台机器，以及成千上万的其他科学或工程器物，会在博物馆里被找到：我们如何收集这些物件，以及它们如何被使用。我们不仅会遇到奇特的铜制加速腔，还会遇到巨大的蒸汽机、微小的试管、精密的测量装置、大型的石油钻塔、中世纪的航海装置，等等；除了爱丁堡，我们还将领略存放于伦敦、莫斯科、芝加哥、慕尼黑、渥太华、巴黎、奥斯陆和华盛顿特区的收藏品。引言部分还会邀请读者走进科学博物馆，去探索博物馆的内涵，去了解它们的工作人员和参观者们。科学博物馆里会发生很多事情，并且有许多不同的人群参与其中：在本书中，策展人将成为我们的导游，引导我们参观那些藏品。

图 2　大型正负电子对撞机腔体内部视图：精密加工的铜。

什么是科学博物馆？

本书的每一个章节将分别展示科学博物馆的特定空间和实践活动。无论是作为游客、学生还是专业人士，你可能已经了解过一些博物馆；但正是在了解了显而易见的部分后，我们才能认识到那些重要的方面。更重要的是，当我们重新审视这些之后，就会清楚地认识到，科学博物馆实际上并不是科学的博物馆，与之相反，在很大程度上，它们与工业和技术有关。其中一些博物馆通过自己的名字认可了这一点，比如热闹的芝加哥科学与工业博物馆（The Museum of Science and Industry）；其他一些则不然，比如伦敦科学博物馆（Science Museum）。正如一位资深策展人所评论的：

> 专攻科学领域的大型国立博物馆数量极少（可以说，仅欧洲西部有几个，而北美地区根本没有）；而且在仅有的这些博物馆中，大部分是……出于对技术和工业的关注或对科学本身的特殊热爱而设立的，且两者在数量上相近。[2]

这种奇怪的差异之所以存在，部分原因是科学是关于原理的，这些原理很难收集，甚至更难展示；另外是因为这些组织的起源非常特殊。这一领域的巨头们一开始就打算借此加强工业教育，包括巴黎的工艺博物馆（Musée des arts et métiers）和慕尼黑的德意志科学技术成就博物馆（Deutsches Museum von Meisterwerken der Naturwissenschaft und Technik，简称德意志博物馆）。

因此，“巨大而沾满油污”的技术在这些博物馆中占据着主导地位。工业不仅有用，而且有形，并在视觉上引人注目，因此在接下来的章节中会占据较大篇幅。当然，我们确实在科学博物馆中发现了科学，特别是表现在那些由“黄铜和玻璃”制成的古董仪器上。在明显与历史相关的博物馆中尤其如此，如历史悠久的牛津科学史博物馆（Museum of the History of Science），或者是位于米兰修道院的列奥纳多·达·芬奇科技博物馆（Museo della Scienza e della Tecnologia Leonardo da Vinci，其在意大利博物馆中同类藏品最多）。[3] 科学博物馆的另一个共同特点来自交通运输工具，它们能提供魅力十足的实体展示（图 3），因此，我们会在参观途中遇到这类展品。此外，像德意志博物馆这类的科学博物馆也经常涵盖农业方面的藏品，所以我们偶尔会闻到一些农场的气息；还有很多藏品与健康和福祉相关，所以我们偶尔也会领略到一些医学博物馆的内容。[4]

因此，我将使用“科学藏品”一词作为本书涵盖内容的总称，它包括科学、技术、交通，有时还涉及农业、医学，极其偶然的情况下，还有数学——这被我的策展同事们认为是一个严重错误。在奥斯陆，具有创新性甚至有时令人感到惊奇的挪威科技博物馆（Norsk Teknisk Museum）是说明科学博物馆所涵盖范围

图 3　莫斯科工业技术博物馆（Polytechnic Museum）大型藏品区域内的车辆藏品。

的一个很好的例子，它包括了“交通运输，航空，木材和金属工业的历史，现代社会的塑料，钟表和手表，计算器和计算机，以及能源、电力、石油和天然气的历史，［还有］挪威电信博物馆（Norwegian Telecom Museum）”。[5]

不仅每个博物馆都有自己独特的内部结构，并且更为复杂的是，科学博物馆的边界很模糊。大多数博物馆是混合型的，融合了多种博物馆形式，并根据地理环境和历史的不同有着独特的定位。至于另一种科学博物馆，它们更可能被命名为：收藏动物、植物和岩石遗迹的自然历史收藏馆。[6] 它们展出的令人毛骨悚然的爬行动物，以及有着毛皮和羽毛的藏品，与那些巨大而沾满油污或是由黄铜和玻璃制造的藏品截然不同；它们数以百万计的标本构成了生物多样性的巨大档案，而且其中许多博物馆为前沿科学提供了研究场所。在某些情况下，这两种博物馆形式是结合在一起，或至少是并存的。例如，波士顿科学博物馆（Boston Museum of Science，图 4）起源于 19 世纪的自然历史学会，并宣称自己是第一个将所有科学都纳入其中的博物馆：它涵盖动物学、地质学、活体动物、技术、物理科学，还有一个 IMAX 影院和一座天文馆。我自己工作的苏格兰国家博物馆集团就是一个“全领域”博物馆的例子，我们不仅涵盖科学和自然历史，还有艺术、考古学和社会历史。在其他地方，科学列入或与其他历史要素共同展览，尤其是在国立美国历史博物馆（National Museum of American History）。

波士顿科学博物馆还包括一个贯穿本书的特征：一所科学中

图 4　波士顿科学博物馆涵盖多种学科，参观者众多。图为馆内的蓝翼展区。

心。科学博物馆和科学中心及其各自的参观者有时会形成对比：陈列着古老展品，吸引着高龄游客，布满灰尘的历史博物馆，与可供孩子们嬉戏其中、致力于打造当代科学人机互动场景、喧闹的科学中心（图 5）。但事实上，它们不仅有着超出我们想象的共同点，而且常常在同一机构内共存。两者都与科学的过去和现在打交道，科学中心内也有收藏品的部分（图 6），而大多数大型科学博物馆都会在其展览馆内设置或穿插人机互动展区，例如英国全国性的科学博物馆集团（Science Museum Group）的“奇妙实验室”（Wonderlabs）展区。科学中心和科学博物馆在参与科学的生态系统中相互交流。欧洲科学中心与博物馆联盟（Ecsite）也设有科学中心和博物馆。

考虑到科学博物馆、自然历史收藏馆和科学中心之间的模糊界限，如何统计它们的数量存在着困难。在全世界大约 3 万家博物馆中，可能有 2000 多家博物馆拥有数量相当的，而且是我们所讨论的类型的科学藏品。[7] 这个数字仍在增长，尤其是在中国，人们将科学视为自豪感和力量的源泉，并将科学当作 21 世纪的投资重点。[8] 当然，这本书不会涵盖每一座科学博物馆，我们也无法走遍世界每个角落。目前而言，我们讨论的主要是在西欧和北美拥有此类藏品的一些组织。它们根据地理环境和管理情况而有所不同：有些是由国家管理的（如巴黎工艺博物馆）；有些是由当地政府管理的；有些由委托机构管理（如科学博物馆集团）；有些由志愿组织管理；还有许多是由大学开设的［如位于马萨诸

图 5　多伦多安大略科学中心（Ontario Science Centre）儿童乐园的水上游戏区为 8 岁以下的儿童提供动手实验体验。

塞州剑桥市的麻省理工博物馆（MIT Museum），图 7］。有些规模很小，只有少数员工；而有些博物馆，如德意志博物馆，除了它著名的主要场馆外，还拥有数个分馆。

尽管存在着多样性，我们将在本书中遇到的机构却有着明显相似的目标。[9] 在试图理解科学博物馆的过程中，我们不仅需要考虑其中包含什么，还需要考虑它们做了什么和它们的目标群体。根据国际博物馆组织——国际博物馆协会（International Council of Museums，ICOM）的定义，博物馆是“为社会及其发展服务的非营利的永久性机构，它们向公众开放，以教育、学习和享受为目的，获取、保护、研究、传播和展示人类及其环境的有形和无形遗产”。[10] 科学博物馆不仅满足上述这些标准，还共同拥有一些特定要素。

首先，也是最重要的是，科学博物馆都非常关注自己的受众群体，尤其体现在它们致力于启发（inspire）观众——这个词之后将一次又一次地出现。例如，在苏格兰国家博物馆集团，我们

图 6 格拉斯哥科学中心（Glasgow Science Centre）展示的仿生手假肢。科学博物馆和科学中心有许多共同之处。

图 7　大学内的科学藏品：麻省理工博物馆 2017 年“机器人与超越”（Robots and Beyond）展览中的玛利亚·托齐夫机器人［以舞蹈家玛利亚·托齐夫（Maria Tallchief）命名］。

EXPLORING
ARTIFICIAL
INTELLIGENCE
AT MIT

"打造了启发式的体验来帮助观众了解自己和他们周围的世界"。[11] 苏格兰国家博物馆集团面向各种人群，但科学博物馆的参观者普遍非常年轻，而科学博物馆专门为儿童设立的盛行观念不断地显现出来。科学博物馆集团在吸引孩子们前来参观方面有着卓越的记录，其在伦敦的场地是"英国学校团体参观首选的博物馆目的地"。但更重要的是，其目标是将其"对于终身非正式的科学、技术、工程和数学学习和参与提供的服务，以及因此而获得的声誉打造成全世界最佳"。[12]

科学博物馆还负责收集和照看其特定类型的藏品。米兰的列奥纳多·达·芬奇科技博物馆致力于"在保护、保存和扩充科技藏品方面达到国际一流水平"，而位于华盛顿特区的国立美国历史博物馆同样旨在"扩展、加强和分享我们的藏品"。[13] 和所有博物馆一样，它们要面临的挑战是在"为今天的游客提供服务"和"确保以后的游客享有同等服务"之间，去平衡对于藏品的积极使用和保养责任。正如两位睿智的同行在对科学遗产进行反思时提醒我们的那样，"在这么多的法规、规范和标准中，很容易落入'文物保护陷阱'，并且忘记我们一开始这么做的原因。从根本上来说，我们是在为公众保护科学遗产"。[14]

除了当前和未来的访客问题，博物馆还努力在展示和收藏中平衡过去和现在，以及也许不太可能的未来。加拿大国立科技博物馆团体（Ingenium）是一家管理加拿大国家科学博物馆的组织，其愿景是"激励加拿大人赞美和参与他们与科学、技术和创新相关的过去、现在和未来”。[15] 莫斯科工业技术博物馆同样寻求“揭示科学的过去、现在和未来”。[16] 策展人试图从纷繁复杂的当代科学、技术和医学中获取新素材，以避免藏品所带来的历史厚重感。

科学博物馆还特别关注科学与社会之间的关系。以德意志博物馆为例，它希望成为“交流科学和技术知识以及让科学与社会之间进行建设性对话的重要场所”。[17] 尽管其他类型的博物馆显然是文化的一部分，但由于科学往往被认为是与文化对立的，管理科学藏品的人就会更加努力地去“将科学作为更广泛的文化的一个方面来反映”。[18] 例如，奥斯陆的挪威科技博物馆试图“展示科学技术的历史进步在社会和文化方面的影响”，[19] 正如布尔哈夫博物馆（Rijksmuseum Boerhaave，荷兰的国家科学博物馆，位于莱顿）“希望参观者发现科学对日常生活的重要性”。[20] 这种颂扬科学与社会的截然不同，但又融入其他文化之中的机遇与矛盾并存的关系，将在整本书中反复出现。

因此，可以说科学博物馆是展览馆和游乐场的混合体；它一部分是图书馆，另一部分可以说是购物中心。[21] 科学博物馆旨在启发（现在的和未来的）参观者了解（过去的、现在的和未来的）科学与社会。科学博物馆通过科学器物实现这一目标。

什么是科学器物？

很明显，我在这本书中关注的实际上并不是科学博物馆本身，而是其中展现着科学物质文化的收藏品。我对器物很感兴趣，它们有着博物馆核心的物质性。用另一位痴迷于器物的博物馆学家的话说，我们需要考虑“真实的事物及其三维度、重量、纹理、表面温度、气味、味道和时空位置”。[22] 特别是，我着迷于这些器物的特质所能提供的东西，与它们的感官接触，以及它们的用途。然而，这些到底指什么呢？如果你问一个科学方面的策展人他们的藏品中有什么，他们通常会倒吸一口凉气，然后给出一个包含“多样性”或是“多变性”或者两者兼有的回应。但话说回来，如果向任何一种策展人询问他们的藏品，你都会得到与上面相同的回答。尽管如此，还是让我们在科学藏品中四处逛逛，看看我们可能会发现什么吧。

为了说明这些收藏品中发现的器物类别，请允许我介绍在世界各地博物馆中我最喜欢的一些藏品。我们已经领略了欧洲核子研究组织的铜制加速腔，一个来自更加庞大的科学仪器的巨大套件。黄铜和玻璃制品中，其他有着更易于管理的尺寸的物件包括经典的望远镜和显微镜、时钟和计算器，以及演示装置，如法国物理学家莱昂·傅科（Léon Foucault）设计的用于显示地球自转的著名单摆（图 9）。让我们从科学转向技术，在那些被认为是科学藏品核心的巨大而沾满油污的工业品中，有代表能源行业的器物，比如我特别喜欢的石油钻机组件（图 8）。许多技术器物的尺寸也可以非常小，就像奇特的磁流体展示了不可思议的微小纳米技术（图 10）。如果说图中的器物看起来有些奇异，那么许多其他器物相较而言则显得平凡单调，比如图 11 中的打字机，它

图 8　苏格兰国家博物馆集团的文物修复师斯图尔特·麦克唐纳（Stuart McDonald）正在测量默奇森石油平台上曾使用的火炬尖。

图 9　傅科摆有着传统的“黄铜和玻璃”所制的科学仪器藏品中的常见特征。当被悬挂时，傅科摆表明地球在自转。这件 1883 年的仪器被收藏在伦敦科学博物馆中。

图 10 微型科学。由国家非正式科学、技术、工程和数学教育（National Informal STEM Education，NISE）网络使用的，在强磁场的影响下悬浮在“磁流体”溶剂中的磁性纳米颗粒。

图 11 曾经日常但后来变得罕见的技术：打字机的早期形式——米尼翁 3 型（Mignon 3），藏于苏格兰国家博物馆集团。

展示了一种在全键盘占主导地位的前一个世纪很流行的形式。伦敦科学博物馆的两只“肿瘤鼠”是转基因啮齿动物的标本，展现了博物馆在备受争议的生物医学藏品方面的实力。然而，一般来说，医疗保健类藏品主要是像手术器械和药罐之类的物品。最后，图 12 中的兰兹斗牛犬拖拉机（Lanz Bulldog tractor）是农业和交通运输两个领域的交叉展品，这类展品占据了科学藏品中相当大的一部分。在本书之旅中，我们会遇到其他详略各异的器物，但上面提到的这 6 个吉祥物以及它们的策展人将引领我们阅读本书。

上面的这些介绍大致描绘了藏品的多样性。科学博物馆的藏品可以很旧，也可以很新，比如傅科摆，又如磁流体。“你欠我一部新手机。”当我开始在苏格兰国家博物馆集团的科技策展团队工作后不久，另一个部门的一位同事曾这样抱怨。他的女儿在博物馆的一个新展览馆里看到了她的苹果手机的模型，因此认为她的手机已经过时了，应该更新换代。虽然这场展览展示的是当代科技，但在她看来，博物馆与过去有着不可磨灭的联系。在科学博物馆中，尽管存放着一些现代早期的精美器物，但由于对第一次工业革命的崇拜和数量越来越多的近代文物，19 世纪和 20 世纪的器物仍占主导地位。我调查了 3 个收藏系列中的 100 多件明星藏品，发现大约有一半来自 20 世纪，三分之一来自 19 世纪，只有剩下的一小部分来自其他时期。[23]

很显然，它们的大小和年代各不相同。科学博物馆的藏品可

图 12　科学藏品通常涵盖交通运输和农业。德意志博物馆中备受欢迎的兰兹斗牛犬拖拉机。

以是微小的，如磁流体中的纳米粒子；也可以是巨大的，如铜制加速腔所属的仪器组件。伦敦科学博物馆举办的名为“对撞机”的展览展示了一个类似的铜制加速腔，正如其策展人所设想的，“这场展览展示的技术大到博物馆无法容纳其设备，但寻找的是小到在博物馆无法看到的粒子”。[24]加速腔是既有实践的一个范例，它通过引入可管理的部分来代表大规模系统，而柏林的德国科技博物馆（Deutsches Technikmuseum）正是出于同样的思路而收藏了一段路面。虽然斗牛犬拖拉机的尺寸可能还算合适，但在任何的博物馆中最大的物件都包括机车，无论是静止展示的还是用于铁路运输演示的。大多数称职的科学博物馆都会在其中央展厅中放置一台早期蒸汽机车（图 14），而一些博物馆则以较新的机车作为其重要的闪光点（图 13），凭借其尺寸，这些机车可以成为“堪比建筑的特色展品”。[25]

古董蒸汽机车“约翰牛号”（John Bull）与两次世界大战期间巴伐利亚州的一大片路面，它们两者的对比很好地说明了科学博物馆的藏品可能是很稀有的（如肿瘤鼠），或是很普通的（如打字机）。我们面临的挑战之一是许多影响很大的技术器物都是非常平凡的，例如自行车，但如果要表现科学与社会之间的关系，我们需要收集它们，并以引人入胜的方式讲述它们的故事。我们同样需要克服其单调外观所带来的挑战，比如道路砖，又如以灰色和米色为主的 20 世纪科学仪器。[26]科学家们往往会忽视他们实验室中的普通试剂盒，并认为它们是毫无意义的，但试管却能够

图 13　加拿大国家铁路公司于 1936 年使用的造型优美的“6400/U4A”型机车，长度约 30 米，现藏于加拿大科技博物馆（Canada Science and Technology Museum）。

图 14　1920 年展于史密森尼学会前艺术工业大楼的早期蒸汽机车“约翰牛号”。它现在仍展于国立美国历史博物馆的最显眼位置。

成为展示他们工作的强有力的表现方式。德国科技博物馆提供了一个精巧的例子：它的明星藏品之一是一颗台球，用来展示塑料对 20 世纪文化的重要作用。[27]

一些科技器物的稀有性和尺寸解释了我们将发现的另一类藏品：它们根本不是原件，而是模型或复制品。因为很难直接展示 DNA，所以我们展示了一个大得多的模型（图 15）；因为飞行器和建筑物都非常庞大，所以我们展示了较小的模型；因为核电站非常危险，所以展示模型要安全得多。有人可能会认为，鉴于博物馆应该是存放真品的地方，如果模型占主体地位的话将会带来一些问题。但实际上，来自参观者的评价表明，如果他们遇到的复制品非常有趣，他们并不会为此感到烦恼。[28]

总体而言，科学博物馆的藏品并非都是正宗的，并非都很稀有，并非都刚好能放进展示柜里，并非都是古老的，并非都是实物。通常在博物馆中，特别是在科学收藏中，正式登记入库的藏品占少数。在博物馆的时间、空间和藏品中，文本、视觉和数字实体与器物同样重要。博物馆里既有与物质文化相关的记录、图像和电子文件，也有本身就很有价值的藏品。例如，科学博物馆集团令人赞叹的 42.5 万件文物，在数量上与其收藏的 700 多万本书籍、手稿和照片比起来相形见绌。而在世界各地，这些文件越来越多地由数字文件来表示和补充。因此，在接下来的科学藏品探索之旅中，我们不仅会遇到物质形式的器物（我们的主要关注点），还会遇到文字、图片和代码。

图 15　许多科学器物是模型——例如当需要展示非常微小而复杂的东西时，伦敦科学博物馆收藏的早期 DNA 模型。

什么是科学策展人？

将这些不同的物质和非物质事物结合在一起的是它们讲述科学故事的能力吗？谁在讲述这些故事？在科学博物馆内部和周围，有许多从业者在不同的媒体上设计故事，但在本书中，虽然教育者、学生、文物修复师等人都会被提及，但我们将主要关注策展人。这就引出了另一个重要的问题：科学策展人并不是科学家。一般而言，自然史策展人往往是科学家，比如古生物学家、动物学家或昆虫学家，但相比之下，尽管许多科技策展人都有科学教育背景，但他们往往更多是历史学家。这些细微的差异并不总是能够被认识到：当《苏格兰评论》杂志选择苏格兰国家博物馆集团的策展人索菲娅·戈金斯（Sophie Goggins）作为“20位在苏格兰生活和工作的20多岁杰出人物”之一时，她被称为科学家。[29] 诚然，她在大学时所学的专业是自然科学，但在日常工作中她并不从事科学实践。她是一名策展人。那么，策展人都做些什么呢？

“策展人”一词具有广泛的文化含义，与任何涉及创造性选择的工作都有关联。[30] 节日需要策划，菜单需要策划，播放列表需要策划。上述方面虽然做得很好，但这确实意味着我们可能需要更仔细地思考博物馆策展人的工作。对21世纪的策展人角色进行工效分析，我们会发现他们和许多其他专业人士一样，忙碌于处理电子邮件和参加会议，但他们也会花时间在博物馆展厅和收藏品仓库的工作上。一般来说，他们的职责主要分为三个部分：收藏、研究和参与，本书后面部分将围绕这三个要素来展开。首先是收藏，其中包括获取新的藏品和照看现有的藏品。然后，策展人会对这些藏品进行一些自己的研究，或者与他人合作，对产生的疑问进行解答等。在收藏和研究工作的基础上，各种展览、公开活动和数字活动得以开展。博物馆里大量的管理部门支撑着这些核心职能，并且随着时间和组织的变化而变化。

策展人的教育背景也各不相同：没有固定的模式可以遵循，但大部分策展人至少拥有本科学位，可能还会有研究生学位。许多策展人会学习科学或博物馆学，有时也会学习科学史或技术史。几乎所有人都会在某些时候自愿地参与到收集工作中——通过培训和日常工作，无论是直接的还是其他方式，他们自始至终都与藏品存在联系。毕竟，“策展人”（curator）一词来源于 *curare*，是关心、照顾的意思。

认识到大多数博物馆工作人员都不是策展人也是有帮助的。在大型博物馆中，有许多与藏品密切相关的角色：照看藏品的文物修复师；管理藏品信息和位置记录的登记员；展示它们的展览制作人；解释它们的教育和数字专家；还有前台工作人员，他们每天都会引导游客参观博物馆。博物馆是一个综合服务机构，它里面有清洁工、募捐者、商店店员、厨师、搬运工、公共关系经理等。策展人可能只占少数，但他们是本书的主角，揭开策展人的神秘面纱是我们的主要关注点。

不同的教育背景，不同的组织和角色，意味着科学策展人之间存在丰富的多样性，就像聚集在某一类特定藏品周围的任何策展人群体一样。使他们聚集在一起的，是对科学藏品的热情。他们对所照看的收藏品有着强烈的情感依赖。一位策展人曾这样表达："你不能用一种非常机械的方式来做这项工作，但你最终确实会爱上藏品，尽管你知道这不应该，但你最终会把它们当成自己的藏品。"[31] 最坏的情况是，这会灌输一种像电影《指环王》里的咕噜一样的保护性和不健康的归属权意识；好的方向是，它使一个好的策展人成为一个充满激情的故事讲述者。归根结底，讲述故事是策展人的工作：当对藏品进行记录时，当发现更多关于它们的信息时，当在线下和线上展览使用它们时。当我第一次来到苏格兰国家博物馆集团时，我询问科技策展人们我们应该收集什么。"故事。"他们异口同声地回答。这本书正是关于策展人是如何讲述那些故事的。

谁会参观科学博物馆?

故事讲述者需要观众。无论是现在还是将来，策展人都是为了博物馆参观者和其他使用者的利益而开展这些活动。并非所有的参观者都是儿童群体，尽管科学博物馆一直给人们这样的印象。对博物馆科技展厅的一个常见反应是："啊，我的孩子们喜欢这个区域！”对于许多人来说，科学博物馆与喧闹、嘈杂、按动按键的杂音联系在一起。“很显然，在这里孩子们学习科学的热情达到了理想水平。”一位疲惫的记者说道，“大量眼花缭乱的兴奋点和信息让他们的头脑飞速运转；而大量严肃的解释和无聊的事情则会使他们麻木。”[32]

无论参观者的年龄如何，他们的数量是很可观的。在英国，每年约有五分之一的人口参观科学博物馆或科学中心（相比之下，有三分之一的人口参观自然历史博物馆，大致与艺术博物馆的参观人数相同）。[33]“纳米”巡回展览以磁流体（图10）为特色，每年在北美不同地点吸引多达1100万人观展；规模更大的科学博物馆机构自诩拥有同等数量的参观者。华盛顿的美国国家航空航天博物馆（Air and Space Museum）和英国的科学博物馆集团每年都能吸引超过600万人参观。像列奥纳多·达·芬奇科技博物馆这样的国家级博物馆每年会有50多万参观者。莫斯科工业技术博物馆在本书撰写时关闭，但在此期间，其举办的临时展览每年有60多万人参观。对于强调专业性且科学藏品定位良好的博物馆，如麻省理工博物馆，每年吸引约15万人参观。更加聚焦于大学藏品的博物馆，如哥本哈根的医学博物馆（Medical Museion），每年大约会有3万人到访。与此同时，最具经济可行性的科学中心可能需要超过10万参观者才能维持运转。[34]总体而言，科学博物馆及其同类机构每年可能在全球吸引超过1.2亿参观者，这很可能与在线访客的数量相当。[35]

这些访客究竟是谁，他们数以百万计，不可能全部是孩子。科学博物馆一直具有双重吸引力：既能吸引研究人员和其他精英参观者，又寻求吸引普通大众以教化他们。但谁构成了“普通大众”呢？很难对这数百万人进行概括，但威康信托基金会已经表明参观科学博物馆或科学中心的可能性与社会阶层有关：专业人士及其家人参观的可能性是长期失业者和体力劳动者的3倍。[36]博物馆参观者不像更广泛的人群那样多样化：例如，黑人在参观者群体中的代表性不足（而且经常缺席博物馆的展览）。[37]地理环境是至关重要的，因为科学博物馆与其他文化场所一样，希望设置在国际旅游线路上。例如，麻省理工博物馆近三分之一的参观者来自海外，这在大城市并不罕见。[38]

这些参观者的年龄各不相同。正如一位历史学家争辩的那样，成年人并没有从科学博物馆中消失。[39]除了在幕后四处翻找的专家外，还有很多成年人在展品间漫步游览。无论如何，从成人与儿童对立的角度来思考这个问题，没有能够抓住重点。科学博物馆的参观者在年龄上有着不同寻常的多样结构。科学器物能够促进代际互动，有时是教学互动，有时是纯社会互动。参观者们互相交谈，互相学习，分享快乐。虽然我们可能会立即想到“成人与儿童的二元关系”，但其他互动方式同样重要：有成人之间的，也有儿童之间的。例如，其中一种重要的访客构成是祖父母或其他年长亲戚与孩子一起参观。这些成年人可能对展出的藏品中的某些元素很感兴趣，渴望用他们的激情感染同行的孩子。他们也许不会成功，团队中其他对于专业知识和兴趣的交换也不会成功。成年人可能会对自己拥有的专业知识感到焦虑，他们也可能和孩子一样会感到厌烦——但这种互动仍然是关键的。[40] 参观博物馆不仅是一种视觉和文本体验，更是一种社交体验。

探索科学博物馆

如果你选择了这本书，你很可能就是科学博物馆的“使用者”，或者是访客之一。如果你已经知道了一些，并且有好奇心想了解更多，那这本书是为你准备的。如果你已经是一个科学博物馆迷了，那这本书是为你准备的。如果你是一位对物质文化感兴趣的科学家或科学史学家，那这本书是为你准备的。如果你有幸在博物馆工作，或者你正在考虑这样做，正为博物馆工作而学习或接受培训，那这本书是为你准备的。我怀疑最后一类读者不会同意我所说的一切——当然我希望不会——而前面的那几类读者应该清楚，博物馆从业者并非都意见相同。接下来的内容将是对科学藏品功能明目张胆的偏袒。

因此，本书旨在对一种新兴体裁作出一些贡献，我们可以称之为“策展人的告白”，其中最为著名的是古生物学家理查德·福提（Richard Fortey）所著《1 号干燥储藏室》（*Dry Store*

Room No. 1），讲述了他在伦敦的英国自然历史博物馆（Natural History Museum）度过的时光。[41] 他和其他同类作品的作者都喜欢藏品，他们想把读者带到幕后探寻究竟。他们从业内者的角度展示了博物馆的社会历史，其中交织着回忆录、评论和“博物馆学”（博物馆学是一个定义不清晰的学术领域，涵盖博物馆理论、映像和政策）的元素。但同时，他们为了互相竞争而任性地大量炮制作品，并抱怨“事情已经不像过去那样了”。我希望本书能够取其精华。作为针对一种特定收藏的研究，这也是我对科学博物馆学所作的贡献，在这方面虽然已经积累了一些优秀的研究，但已经有一段时间没有更新。[42]

因此，本书更具个人论战性，而非学术分析。我支持论点的方法是选择性的，而不是系统性的。正如我选择了铜制加速腔和其他我喜欢的器物一样，我也从关于藏品的大量文字中精挑细选。我实地调查了博物馆，访问了策展人，参观了展厅和储藏室；我采访并观察了专业人士和使用者；我还补充了自己的经验和评论。这使得本书包含自传和民族志，再带有一点评论。如果要王婆卖瓜的话，我可以称本书为“自传式评论民族志”。

不管这本书属于什么类型，我的目的是打开欧洲和北美科学博物馆的大门，去了解像铜制加速腔这样的器物是如何在过去、现在和将来被使用，以及由谁来使用。在此过程中，我们将剖析策展人和参与者对这些器物的一些假设。收集和展示科学器物的任务困难又昂贵，而且往往费力不讨好。考虑到有许多其他记录和体验科学的方式，为什么我们要继续收集实物藏品呢？科学藏品在 21 世纪的功能是什么？为了回答这些问题，我们将一起浏览科学藏品。我们将首先了解它们是如何形成的（第一章），然后是如何被收集的（第二章），接下来是它们在研究中是如何被使用的（第三章），以及它们与人的互动（第四章）和它们倡导什么（第五章）。在每一个环节中，我们都将解开关于科学藏品的假设或悖论，并将它们作为探究博物馆功能的入口。其中，我们会遇到优秀的实践范例（当然也有一些糟糕的）、当前面临的挑战和科学博物馆到底应该做什么的指示，这将是第五章重点关注的内容。

这篇引言已经让读者体会到了将在本书中发现的一些惊喜：科学藏品更多的是关于人而不是原理；对现在和过去同样注重；对无形和有形的事物同样注重。科学藏品充满了这样的矛盾。它们灵活到可以同时容纳古老的文物和最新的尖端技术；它们展示了伟大的发现和尚未完成的研究；它们既可以吸引小学生，也可以吸引诺贝尔奖获得者；它们有的巨大，有的微小；它们面向实体，但寻求代表无形；它们是非本土化的事业，却又展现出特定的地域色彩；它们与不依赖于实物的互动性有关联，又同时保存着成千上万的实物。科学博物馆的大门已经打开，请随我一道开启科学博物馆之旅。

第一章

馆藏是如何形成的

图 16 所示的直径 20 厘米的黄铜包裹的铅制球体被悬挂在上方的枢轴上；它的摆动轴在一天中逐渐旋转，表明了地球的自转。然而，正如所有图片一样，这张图片既无法体现它笨重的身体——它重 30 公斤——也无法展示它的运动。这个单摆正在巴黎的前圣马丁香榭丽舍修道院（Abbey of Saint-Martin-des-Champs）内来回摆动，问候着工艺博物馆的参观者们，这座博物馆是世界上最古老、最宏伟的科学博物馆之一。傅科摆是一种科学原理的持续动态演示，它具有的混合性质——既是动态实验又是科学古董——在科学藏品中是非常常见的。

哈佛大学科学仪器历史收藏馆（Harvard University Collection of Historic Scientific Instruments）的策展人每天都会经过一辆简陋的装满箱子的手推车（图 17、图 18），这些箱子来自展览的发起人和策展人大卫·平格里·惠特兰（David Pingree Wheatland）。他最初在缅因州从事家族木材生意，但他热衷于收集科学仪器，为此他在哈佛担任策展人，每年领取名义上的

图 16　傅科摆，展示于巴黎的工艺博物馆，前圣马丁香榭丽舍修道院。

图 17　哈佛大学科学仪器历史收藏馆中的装满电气设备零件的手推车。

1美元薪水。通过他的收藏，他的职业根基悄然显露：在这里，他使用家族企业的一批箱子来储存电气部件。为了方便辨认，他将盒子内部器物的一个零件样品附到了盒子外部：如变阻器、线圈、电缆。几十年后，收藏人员仍然非常热爱使用它们。这个简单的装置在一定程度上表明，收集、整理和展示科学世界的努力取决于在特定时间内特定机构的参与人员。即使他们创建的机构在不断发展壮大，他们的即兴之举和独特风格还是被保留了下来。

科学博物馆以大量的藏品为基础来展示普遍真理（如地球自转）。然而，每座科学博物馆都是独特的：位置、过去、与政治的关系和所涉及的人们。在这一章中，我们将看到，科学博物馆的历史并不是一次大踏步的迈进，而是一个更有趣、更具政治性，尤其是关于特定时代特定人群的人类故事。一些收藏家成立了小型藏品馆并为其工作，如哈佛大学的博物馆，其他的收藏家则在巴黎的工艺博物馆、伦敦科学博物馆、慕尼黑的德意志博物馆和旧金山探索馆（Exploratorium）等大型机构中工作。在本章中，我们将会见到它们古怪而出色的创始人：一位革命者牧师、一位不屈不挠的技术官员、一位“规范监督人”、一位结交上流社会的工程师和一位名誉扫地的科学家。科学博物馆既是他们怪癖和激情、偶然情况和机缘凑巧的产物，也是他们规划和安排的产物。博物馆经营的是那些可获得的、可留存的事物；即使是那些宏大的收藏，也只是一项表面上具有普遍性的事业的地方性和

图 18　哈佛大学策展人大卫·惠特兰的再利用的储物箱，上面显示了其曾经的用途——可能来自美国缅因州的就业保障委员会。

政治性表现形式。

这些独特的风格贯穿于科学藏品的双重历史中：一方面是展览和互动的历史，另一方面是古文物研究与历史研究的故事。科学博物馆需要平衡过去和现在，仪式和互动，黄铜玻璃和按钮，鉴赏家和孩子们。这些矛盾并不是新出现的，这些机构也不是新建立的。尽管像伦敦科学博物馆和德意志博物馆这样的大型博物馆是在大约一个世纪前与其他大型自然历史博物馆和艺术博物馆一起正式成立的，但其藏品的历史渊源要更为久远。它们源自文艺复兴时期的珍品柜，在启蒙运动期间得到增强，并在19世纪的国际博览会中得到扩展。专门的科学博物馆在20世纪初大规模扩建时已经蓬勃发展，尽管第二次世界大战暂停了它们的发展，但它们在战后的几十年中继续飞速扩张。20世纪，科学中心加入传统科学博物馆的行列，被视作为参观者提供动手体验的新型博物馆，而千禧年间关于何为与观众互动的最佳方式的讨论其实由来已久。[1]

让我们回顾一下这段历史，首先关注藏品的历史渊源，然后更详细地了解科学博物馆的发展。我们将最先探讨一个繁荣至今的广泛的藏品范围，包括数十种，甚至数百种私人、专业和特殊的收藏品。[2]我们将重点关注几个关键机构，包括新兴的博物馆，如旧金山探索馆，虽然它似乎根本没有藏品。

壮观的藏品

事实证明，在科学诞生之前，就有科学藏品了。16世纪以来，在人们还没有发明“科学”之前，在琳琅满目的珍品柜中，就可以找到调查类、测量类、光学和数学仪器了。把那些精美的仪器和其他（在我们看来）五花八门的物品联系在一起的是它们的艺术性，从这个意义上说，这些珍品柜可以被称为艺术品的收藏柜。[3]例如，佛罗伦萨美第奇家族的大公科西莫一世收集了数学仪器并将其安置在自己的宫殿中；后来，法国贵族莫松男爵约瑟夫·邦尼尔在其庞大的珍品柜中也加入了数学装置（图 19）。

虽然各式各样的珍品柜中的其他物件会被纳入艺术、人类学和自然史收藏品中，但到 18 世纪初，许多仪器已被纳入更为集中的收藏品类中，如位于德累斯顿的数学物理沙龙（Mathematisch-Physikalischer Salon）。[4] 这些仪器的作用不仅是为了提升捐赠人的名声，而且是为了供他们展示新的“自然哲学”。藏品中的创新型静电机和空气泵是需要动手操作的交互式设备，可以用于展示现在所称的“科学”（图 20）。[5] 一般来说，这些现代早期藏品的参观者是上层精英。即使是自称公共机构的大英博物馆（British Museum），在 1759 年开馆时除了展示“天然和人造珍品”外，还展示了一些科学仪器，但也只向上层人士开放参观。[6]

18 世纪末法国大革命时期，在巴黎成立的一个新机构中，可以找到一种现在看来更民主的方式来对待今天的观众。亨利·格里高利（Henri Grégoire）既是天主教主教，也是 1789 年大革命后法国最高立法机构国民公会的领导之一。对他来说，前政权的终结是走向普选的重要一步；他主张种族平等，废除奴隶制，支持犹太解放运动，支持新独立的海地。格里高利还想给予工人们改善生活的机会。即使在革命者反对神职人员的时候，他仍然身着宗教装束，试图保护图书馆和艺术品。他保留了自己在国民公

图 19　富丽堂皇的珍品柜里包含了科学仪器。雅克·德·拉琼（Jacques de Lajoue），《邦尼尔·莫松的物理收藏柜内部》，1734 年，布面油画。

会中的位置，并对建立后来演变出1794年工艺博物馆的组织发挥了重要作用。建立工艺博物馆旨在改善国家工业，并向工人展示革命的进步。考虑到他作为神职人员的影响力，博物馆被建在圣马丁香榭丽舍修道院内。他宣称："巴黎将建立一个收藏所有艺术和商业领域的机器、模型、工具、图纸、说明和书籍的仓库。"在这些"艺术与商业"物品中，有一些可以归于科学类别。圣马丁香榭丽舍修道院的展品包括最先进的机器和仪器，它们不仅有用而且有教育意义，可供工人观看和使用。经验丰富的工匠会在场演示和解释说明。对格里高利来说，博物馆是"人类思维的工作室"。[7]

随着工业革命步伐的加快，其他机构也纷纷效仿，设立展览来激励和影响工人。美国费城是另一座充满革命气息的城市，在费城涌现的各种博物馆中，实业家塞缪尔·沃恩·梅里克（Samuel Vaughan Merrick）和地质学家威廉·H. 基廷（William H. Keating）成立了"宾夕法尼亚州富兰克林机械技艺促进研究所"（Franklin Institute of the State of Pennsylvania for the Promotion of the Mechanic Arts）。他们在木匠厅首次举办了关于"美国制造商"的展览。该组织一直延续到今天，现在的名字是（相当简洁的）"富兰克林研究所"。在伦敦，令人眼花缭乱的展览生态系统包括阿德莱德展览馆（Adelaide Gallery，1832年）和理工学院（Polytechnic Institution，1838年），它们都为"实践科学"提供了生动的操作空间。[8]

图 20　科学演示：德比的约瑟夫·赖特（Joseph Wright 'of Derby'），《气泵里的鸟实验》，1768 年，布面油画。爱德华·蒂勒尔（Edward Tyrrell）于 1863 年向英国国家美术馆（National Gallery）捐赠。

目前尚不清楚的是，这样的场所在多大程度上成功激发了工人们提高工业产出的兴趣。展出的设备必然是最闪亮和最好的，但并不总是因变得陈旧而被更换。它们逐渐不再具有操作性，而是变得庄严肃穆，但这同样具有吸引力。工艺博物馆从一开始就在最新发展的技术旁边展示历史资料，同时也吸收了法国科学院（Academy of Sciences）的顶级仪器，这些仪器更使人惊叹，但缺乏互动性。这一藏品系列吸引了诸多技术界的明星藏品，如布莱斯·帕斯卡（Blaise Pascal）的计算器、安托万·拉瓦锡（Antoine Lavoisier）的实验室设备和卢米埃尔兄弟（Lumière）的摄影机等。[9]

在这些标志性的工艺品中，工艺博物馆也收藏了 19 世纪法国物理学家莱昂·傅科设计的单摆的早期版本（图 16）。1851 年，他在巴黎天文台演示了第一个版本，然后是在先贤祠的穹顶下（那里在 1995 年安装了新版本），4 年后，他在举办世界博览会的工业宫（Palace of Industry）演示了一个铁制的版本。这两个傅科摆都在 1869 年被工艺博物馆购得，许多其他大型科学博物馆也适时效仿，通常在中庭或楼梯井悬挂单摆。

这次收购有助于说明 19 世纪的“博览会”与博物馆之间关系的重要性。19 世纪初，巴黎主办了一系列工业博览会，但无论法国做什么，英国都会着手做得更好。英国的回应是由亨利·科尔（Henry Cole）所策划的，他是一名公务员，对工业设计非常感兴趣，活跃于英国皇家学会工艺院（Royal Society for the Encouragement of Arts，Manufactures and Commerce），在那里他找到了关键盟友——阿尔伯特亲王。在亲王的支持下，科尔发起了一系列展示英国最新设计的展览。受到 1849 年巴黎世博会的启发，科尔以无限的精力推动了一场真正的国际展览——万国工业博览会（The Works of Industry of All Nations），维多利亚女王和阿尔伯特亲王于 1851 年在伦敦为其揭幕。在 1.3 万件展示艺术、自然和文化的展品中，最新的科学仪器、宏大的“机械展区”和其他关于“进步”的物质文化表现形式都得到了很好的展示。这次博览会取得了成功，吸引了 600 万参观者，并产生了巨大的收入盈余。[10]

展览结束后，英国政府颁布法令，指出英国的科学教育需要改进，并成立了科学与艺术部，由科尔和雄心勃勃的苏格兰科学家莱昂·普莱费尔（Lyon Playfair）共同执掌（普莱费尔也密切参与了万国工业博览会的举办）。他们将科学（和其他）藏品作为技术教育系统的核心，以这次万国工业博览会的剩余藏品为基础，建立了一座博物馆，涵盖工业和装饰艺术品；他们还在其中添加了更多的技术设备，如船舶模型。就这样，南肯辛顿博物馆（South Kensington Museum）在合并了制造业博物馆（Museum of Manufactures）后，于 1857 年在一座临时建筑（布朗普顿锅炉）中开放。它涵盖了各种实用和装饰艺术的藏品，不仅促成了伦敦科学博物馆，还促成了维多利亚和阿尔伯特博物馆（Victoria and Albert Museum）的建立。[11]

科尔还想在英国其他地方建立博物馆，并将目光投向了爱丁堡。在那里，他找到了沃土。莱昂·普莱费尔在去爱丁堡大学担任化学系主任的过程中，就已经和他的同事乔治·威尔逊（George Wilson）教授收集了1万件藏品，包括机器、模型和样品——它们构成了苏格兰工业博物馆（Industrial Museum of Scotland）的馆藏。这座博物馆毗邻爱丁堡大学（学校的自然历史收藏品也被该博物馆接收），位于工人阶级集中的旧城，通过手工艺品和工作模型向苏格兰工人展示科学和工业的最新成果，于1866年被爱丁堡科学与艺术博物馆（Edinburgh Museum of Science and Art）兼并。[12]科学与艺术部还着手推动科学仪器的设计和制造。为了展示最新的可用仪器，南肯辛顿博物馆在1876年举办了涵盖2万件科学仪器的展览，名为“借来的收藏品”，它们后来构成了现在的伦敦科学博物馆中仪器收藏品的基础（图21）。[13]这是一次大规模的科学造势，掩盖了人们日益增长的对英国正在失去其在科学和工业领导地位的担忧。

竞赛开始了。大型博览会的风潮席卷世界各地，很多展览会延续南肯辛顿模式，将展品发展为永久藏品的核心部分。这类“世界性展览会”催生了永久性博物馆，包括1866年至1867年在墨尔本举行的澳大拉西亚跨殖民地展览、1873年的维也纳世界博览会、1876年在费城举行的美国独立百年展览会、1888年的格拉斯哥国际展览和1914年在奥斯陆举行的百年纪念展览。巴黎举办1900年世博会时，已有超过8.3万名参展者，近6000万

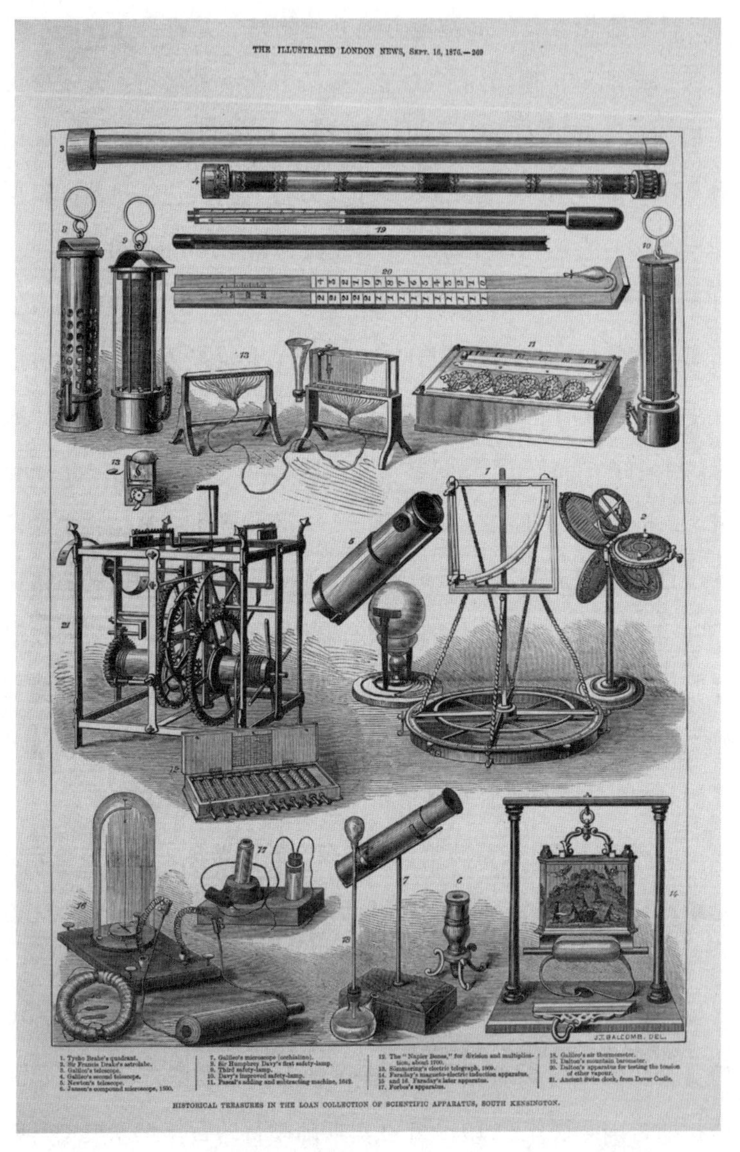
THE ILLUSTRATED LONDON NEWS, SEPT. 16, 1876.—269

1. Tycho Brahe's quadrant.
2. Sir Francis Drake's astrolabe.
3. Galileo's telescope.
4. Galileo's second telescope.
5. Newton's telescope.
6. Jansen's compound microscope, 1590.
7. Galileo's microscope (occhialino).
8. Sir Humphrey Davy's first safety-lamp.
9. Third safety-lamp.
10. Davy's improved safety-lamp.
11. Pascal's adding and subtracting machine, 1642.
12. The "Napier Bones," for division and multiplication, about 1700.
13. Sömmering's electric telegraph, 1809.
14. Faraday's magneto-electric induction apparatus.
15 and 16. Faraday's later apparatus.
17. Forbes's apparatus.
18. Galileo's air thermometer.
19. Dalton's mountain barometer.
20. Dalton's apparatus for testing the tension of ether vapour.
21. Ancient Swiss clock, from Dover Castle.

HISTORICAL TREASURES IN THE LOAN COLLECTION OF SCIENTIFIC APPARATUS, SOUTH KENSINGTON.

图 21　展览“借来的收藏品”中的历史珍品，南肯辛顿博物馆，J.T. 巴尔科姆（J. T. Balcomb），刊登于 1876 年 9 月 16 日出版的《伦敦新闻画报》。

人次参观（是万国工业博览会时的10倍）。[14]这些展览会囊括了艺术和文化，但就本书的目的而言，我们应该注意其中的仪器、发明和机器至今仍保存在各地的博物馆中，这要部分归功于展览结束时，策展人和博物馆创始人提出的关于展品的远见卓识。他们创办的博览会和博物馆旨在炫耀参展国的专长，进一步实现参展国的帝国野心，并激励东道国的劳动人民。博览会展示的是当时和未来的尖端科学技术。

还有一个可以更多接触创新事物的地方，是与收藏品有联系的国家专利局。许多新发明都附有模型或原型，它们不仅要被记录在案，而且旨在激励下一代发明家。英国专利局博物馆（British Patent Office Museum）于19世纪50年代在班纳特·伍德克罗夫特（Bennet Woodcroft）的领导下形成，他曾任伦敦大学的工程学教授，后来被专利局冠以“规范监督人”的光荣称号。专利局博物馆最终被转移到科学与艺术部，并与南肯辛顿博物馆合并。现在伦敦科学博物馆的技术展区正是由这些藏品发展而成的。20世纪初，美国专利局以同样的方式将其大量的工作模型收藏品转移给了综合性的史密森尼学会，即于1846年成立的美国国家博物馆。[15]

这些专利物品，以及1876年美国独立百年展览会上一批老化的科学仪器，都被收入史密森尼学会首任会长约瑟夫·亨利（Joseph Henry）收集的、现已成为历史性科学仪器的重要收藏品中。[16]尽管专利和展览必然重点关注同时代仪器，但策展人还是出于历史的角度收集和展示了贯穿于19世纪的科学设备。在伦敦，班纳特·伍德克罗夫特着迷于有历史的机器，花费了大量精力寻找相关“文物”。斯蒂芬森著名的机车头“火箭”和“喷气比利”在“借来的收藏品”展览中展出，他还为专利局博物馆购买了这些机车。即使是1876年的最前沿展品，也不仅包括“现代仪器，还包括那些被知名人物使用过的仪器，或是在著名发现中被用过的仪器”，其中就有伽利略、拉瓦锡和焦耳使用过的仪器——这些被称为科学的“神圣文物”。[17]它们对于国家建设、展示科学谱系都很重要。在其他地方，例如工艺博物馆，作为创新展品而被收集的科学仪器和技术器物被存放在收藏品中，却随着时间的推移而逐渐过时。像荷兰的泰勒博物馆（Teylers Museum）这样的机构起初被当作活跃的研究场所，但后来却意外地获得了收藏文物的功能。[18]有人可能会认为它们变得僵化，但用一位策展人更亲切的话来说，“它们发现了历史的优点”。[19]

似乎，科学藏品的双重特征——现在与过去的对立，实用性与观赏性的对立——在我们回顾的历史中一直存在。但是，我们今天所看到的庞大规模是20世纪发展的结果。

海量的藏品

1881年，在巴黎举行的第一届国际电力博览会（International

Exposition of Electricity）给一位参观者留下了深刻的印象。年轻的工程师奥斯卡·冯·米勒（Oskar von Miller）是巴伐利亚一个名门望族的后裔，他既不缺乏雄心壮志，又满怀爱国情怀。受到展览浪潮的影响，他回到慕尼黑后创办了一场德国式的世博会。与他成功的工程管理职业生涯相辅相成，他开始为一座适合统一国家的博物馆进行藏品收集，以展示其工业和科学实力。冯·米勒的专业技能为他的博物馆理念赢得了广泛的支持：包括科学家、工程协会、企业、富有的捐赠者，甚至像亨利·科尔一样得到了来自皇室的支持。

创建博物馆需要花一些时间，但到 1903 年，在德意志第二帝国的鼎盛时期，他正式建立了德意志科学技术成就博物馆。[20] 慕尼黑市贡献了伊萨尔河上的一座岛屿，该岛被称为“煤炭岛”，因为炭曾被存放在那里。由巴伐利亚州和帝国政府出资（因为各种博物馆都是帝国的工具），德皇威廉二世于 1906 年铺设了博物馆的第一块石头。然而，由于工期延误和战争，直到 1925 年冯·米勒 70 岁生日时，博物馆才完全开放。这一漫长的孕育期意味着，在其 3 万平方米的展览空间中，许多器物变得有历史感，在文物领域与遗物和名人器具相得益彰。在荣誉馆内，德国著名科学家的肖像和他们的设备作为科学和技术的杰作进行展示。[21] 这里还有大量前沿科学的演示和互动体验，而且是按钮式和手摇式工作模型的首次大规模展示。就博物馆的双重功能而言，德意志博物馆是当时世界上同类博物馆中最好的。

然而，它仍有一些厉害的竞争对手。南肯辛顿博物馆的技术藏品自19世纪80年代以来一直是独立展示的，它在1909年6月被正式命名为伦敦科学博物馆，自豪地与藏有其姐妹藏品的维多利亚和阿尔伯特博物馆，以及隔壁的自然历史博物馆并立（较早地进入国际舞台意味着英国人无须具体说明该科学博物馆的国别）。伦敦科学博物馆集合了万国工业博览会与专利局博物馆的技术类藏品，1876年"借来的收藏品"展览中的许多珍品，以及1924—1925年大英帝国博览会（British Empire Exhibition）的展品（证明了这些机构的帝国背景）。这些藏品之后被分为三类：海洋工程、机械和发明以及科学仪器。每一类都包括历史珍宝和最新成果。当1899年科学与艺术部被撤销时，博物馆的监管权转移到了教育部，技术教育成了藏品的主要功能。前爱丁堡科学与艺术博物馆也有类似的发展经历，当时的苏格兰皇家博物馆（Royal Scottish Museum）的技术部门继承了乔治·威尔逊的藏品，并把它们分别陈列在电力、采矿业和航运展厅。20世纪初，一家"科学展览馆"（Science Gallery）开业，展出了著名苏格兰科学家的仪器。[22]

各个国家的技术博物馆，如建立在布拉格（1908年）、奥斯陆（1914年）和维也纳（1918年）的，都宣扬了各自国家的历史遗产和当时的创造力，也在许多情况下宣扬了各自的帝国抱负。它们与工业界合作以获得最新的设备，它们将工业展品与神圣的文物、国家科学的演变和运作并列在一起展示。在参观了新建的德意志博物馆之后，慈善家朱利叶斯·罗森瓦尔德（Julius Rosenwald）大受启发，并资助成立了芝加哥科学与工业博物馆。这座博物馆在1933年的名为“一个世纪的进步”的世界博览会（Century of Progress Exposition）举办期间开放，位于曾在40年前举办世界哥伦布博览会（World's Columbian Exposition）的宏大的美术宫（Palace of Fine Arts）内。[23]它专注于科学原理和最新发现，并着手使展品充满活力。参观者可以按下按钮并通过显微镜观察。其中一位游客，苏格兰皇家博物馆的技术管理员亚历山大·哈奇森（Alexander Hutchieson）对此印象深刻。他回到爱丁堡，领导了一个致力于制造发动机和其他机器的精致复制品的工作室，这些机器会在展厅内运行来取悦参观者。[24]

这些地方很热闹。奥斯卡·冯·米勒本人曾多次访问美国，1929年在纽约和平艺术博物馆（Museum of the Peaceful Arts）的一次晚宴上，他倡导积极参与科学展览。来自多家美国博物馆的策展人出席了晚宴，这条消息由此传开了。1934年，享誉盛名的富兰克林研究所以德意志博物馆为蓝本，开设了一座“科学乐园”式的以亲身体验为主的科学博物馆。纽约科学与工业博物馆（New York Museum of Science and Industry）采取了同样的模式。1936年，这座博物馆开业时，威廉·布拉格爵士（Sir William Bragg）在英国皇家研究院通过电话为其致辞。“他在一场著名聚会上发表了简短的讲话（爱因斯坦教授也出席了这场聚会）。听众随后听到威廉爵士划了一根火柴，点燃了一根插在法拉第时代蜡烛台上的旧蜡烛；不一会儿，纽约博物馆的入口大厅就被两排水银蒸汽灯的灯光点亮了。”[25]

横跨大西洋的电脉冲点亮了泛光灯，这既是光电效应的例证，也是美国创造力和繁荣的视觉证据（信号通过美国电报和电话线传递）。受诺贝尔奖获得者让·皮兰（Jean Perrin）的启发，巴黎大宫的发现宫（Palais de la découverte in the Grand Palais）也展示了这一方法，因为他希望证明实验室科学是可以发挥作用的。事实上，发现宫是 20 世纪后期科学中心的先驱，更重要的是，这种活力吸引了越来越多的儿童来到博物馆。1931 年，伦敦科学博物馆为了服务每年上百万的参观者，专门为小参观者开设了一个新的展厅（图 22）。工作模型和动手操作的体验使得成年参观者也觉得很有趣。在爱丁堡，一位小参观者后来回忆道：“吸引我们的是我们能否按按钮，但问题是［每个］小男孩都想按，你不可能总是足够快地排上队。”[26]

然而，小参观者、一流的互动性和新事物的诱惑，并没有减弱科学博物馆的文化遗产功能。随着人们对科学史兴趣的增加，两次世界大战期间，收藏家和古董商越来越被有历史渊源的科学仪器所吸引。这不仅反映在已建立的科学博物馆中，也反映在新一代的私人藏品中。狂热的鉴赏家们收集了规模空前的藏品，并得意地将其展出。其中包括朱利叶斯·罗森瓦尔德的同样富有的芝加哥姐夫马克斯·阿德勒（Max Adler），剑桥科学仪器公司的总经理罗伯特·惠普尔（Robert Whipple），伦

图 22　1951 年，伦敦科学博物馆里的小游客正在亲身体验儿童展馆内的原件展品。

敦附近的造纸厂商人刘易斯·埃文斯（Lewis Evans）。这些藏品后来都进入博物馆，甚至成为博物馆的建馆基础。阿德勒在他1930年成立的天文馆里存放了一批昂贵的历史仪器；以埃文斯的物品为基础，牛津科学史博物馆在1935年初见雏形（图23）；1944年，剑桥大学为惠普尔的藏品开设了博物馆。大学是展示科学谱系的肥沃土壤：曾用于科学类院系教学的仪器，往往年代久远，并获得了文物价值，它们的所属机构在过去和现在对于科学的创造性贡献，正好可以通过器物被放大。哈佛大学就是一个很好的例子：大卫·惠特兰在20世纪30年代开始收集的仪器组成哈佛博物馆的核心（图24）。在各类博物馆蓬勃发展的背景下，一些国家开始从国家层面上通过藏品宣扬本国深厚的科学遗产，比如佛罗伦萨的科学史学会及博物馆（Istituto e Museo di Storia della Scienza，成立于1927年，现为伽利略博物馆），以及莱顿的国家科学史博物馆（Het Nederlandsch Historisch Natuurwetenschappelijk Museum，成立于1931年，现为布尔哈夫博物馆）。[27]

重获活力的藏品

在第二次世界大战期间，可以用于收藏的科学资源，无论是具有历史意义的还是能动手操作的，都很稀少，这是可以理解的。一些博物馆场所被用于其他目的（牛津科学史博物馆被用作

图 23　1951 年，牛津科学史博物馆。

图 24　1947 年前后，在哈佛大学，科学史学家伯纳德・科恩（I. Bernard Cohen）、策展人大卫・惠特兰与一架太阳系仪。

职业介绍所，苏格兰皇家博物馆被用作医疗用品仓库），而市中心的藏品都被运走以便妥善保管。斯蒂芬森的“火箭”机车离开伦敦科学博物馆，被安置在赫特福德郡的布罗克特庄园内。

在战后的几年里，各种各样的博物馆开始掸掉身上的灰尘，科学收藏博物馆也在其中。波士顿科学博物馆于 1951 年在一座新建筑中开放。两年后，列奥纳多・达・芬奇科技博物馆在米兰一座被炸弹炸毁后重建的修道院中开放。在英国，积极的战后政府意图举办一场大型展览，以纪念万国工业博览会 100 周年，并展现战后复苏的迹象。伦敦科学博物馆在尚不完整的中心街区举办了一场展览。在那里以及在包括格拉斯哥的开尔文大厅等其他场所，科学和技术处于这一“英国节庆”的最前沿。[28]

1957 年 10 月 4 日，苏联发射了第一颗人造卫星“斯普特尼克 1 号”，一夜之间，西方的乐观情绪和科学博物馆的重要性都发生了变化。6 周后，美国政府彻底改革了科学教育，赋予科学博物馆强烈的爱国使命，以增强公民的“科学基础”，并强调国家的进步。在随后的几十年中，通过一些正式机构，如美国国家科学基金会科学展览办公室（National Science Foundation’s Office of Science Exhibits），科学博物馆成为“冷战”时期的代理人，强调对公民的教育，突出国家成就。博物馆成为宣传技术优势的舞台。这些技术为“冷战”时期的偏执提供动力，又依靠后者而得以增强，核技术尤为如此。[29]

正是在这种背景下，在已经扩张的且拥有世界上最大量的科学和技术收藏品的史密森尼学会内，一座新型博物馆出现了。早在 20 世纪 20 年代，技术策展人卡尔·米特曼（Carl Mitman）在沿着德意志博物馆的路线建立“国家工程与工业博物馆”时遭受了挫折。[30] 虽然米特曼的梦想没有实现，但他曾经的学徒、长期任职的工程策展人弗兰克·泰勒（Frank Taylor）利用“冷战”时期的爱国主义思潮，在华盛顿的国家广场上修建了一座新建筑。这座历史与技术博物馆（Museum of History and Technology）最终于 1964 年开放，它巨大的底层主要展示技术（原子能、汽车、农业）藏品。米特曼等到了这一天。在那里，参观者首先会受到傅科摆的欢迎（图 25），然后进入体现美国技术优越性的展厅。林登·约翰逊总统在开幕式上说：“我希望每一位访问首都的学童，每一位来到这座第一城的外国游客，以及每一位在明天到来之前还犹豫不决的抱怀疑态度的人，都能在这座博物馆待上一段时间。”[31] 这座“大理石神殿”是华盛顿国家广场上的第一座现代化建筑，与纽约世博会（New York World’s Fair）同年开放，并有着共同的主题。[32] 泰勒打算让它成为“一个永久性的博览会，纪念我们的自由遗产，突出我们生活方式的基本要素”。[33]

历史与技术博物馆的开放标志着欧洲和北美各类博物馆 10 年扩张的开始。随着战后重建工作的最终完成，公众蜂拥而至，欣赏科学藏品：每年再次有 100 万参观者到访伦敦，近 300 万参观者到访芝加哥，500 万参观者到访华盛顿。[34] 策展人试图使现代科学尽可能地令人兴奋、充满互动：盛大的电气演示很受欢迎，尤

图 25　1970 年前后，参观者在美国历史与技术博物馆（现为国立美国历史博物馆）底层观看傅科摆。

其是在波士顿科学博物馆。1956 年，该博物馆从麻省理工学院购买了一台两层楼高的高压发电机。在爱丁堡，技术展厅保留了多感官设计，按钮式工作机器十分受欢迎，甚至还有“会说话的标签”。展出的藏品充满活力，它们所代表的科学技术是向善的力量，将建设一个乌托邦式的美好未来。[35] 技术乌托邦主义和“冷战”明显影响的极致体现，就是 20 世纪 60 年代与月球有关的展览。从 20 世纪 60 年代初约翰 · 格伦（John Glenn）的“自由 7 号”宇宙飞船（图 26）的世界巡展，到“阿波罗 11 号”带回的月球岩石的展览，航天器和任何关于登月的物品吸引了前所未有的观众。[36] 尼克松总统送给伦敦科学博物馆一块裹着英国国旗的月球岩石。这一时尚潮流推动了在华盛顿特区建立专门的美国国家航空航天博物馆的计划。这座博物馆于 1976 年在华盛顿国家广场开馆，这是美国“冷战”时期炫耀实力的终极纪念碑。

20 世纪 60 年代和 70 年代，科学博物馆的扩张和普及不仅是由这种新潮流推动的，也是由整个文物领域对历史研究的全新兴趣推动的。比如，在当时伦敦科学博物馆的一本指南中，50 件关键器物中只有 5 件来自第一次世界大战之后，大部分器物都来自维多利亚时代，包括博尔顿和瓦特的梁式发动机以及特里维西克的高压蒸汽机。[37] 它们尤其代表了当时正在衰退的重工业。即使在“技术的白热化”推动英国文化向前发展的时候，对于工业遗产的浓厚兴趣仍在把关注点引回过去。新的博物馆和现有机构内的新场馆在以前的工业区内建立，其中许多都是在

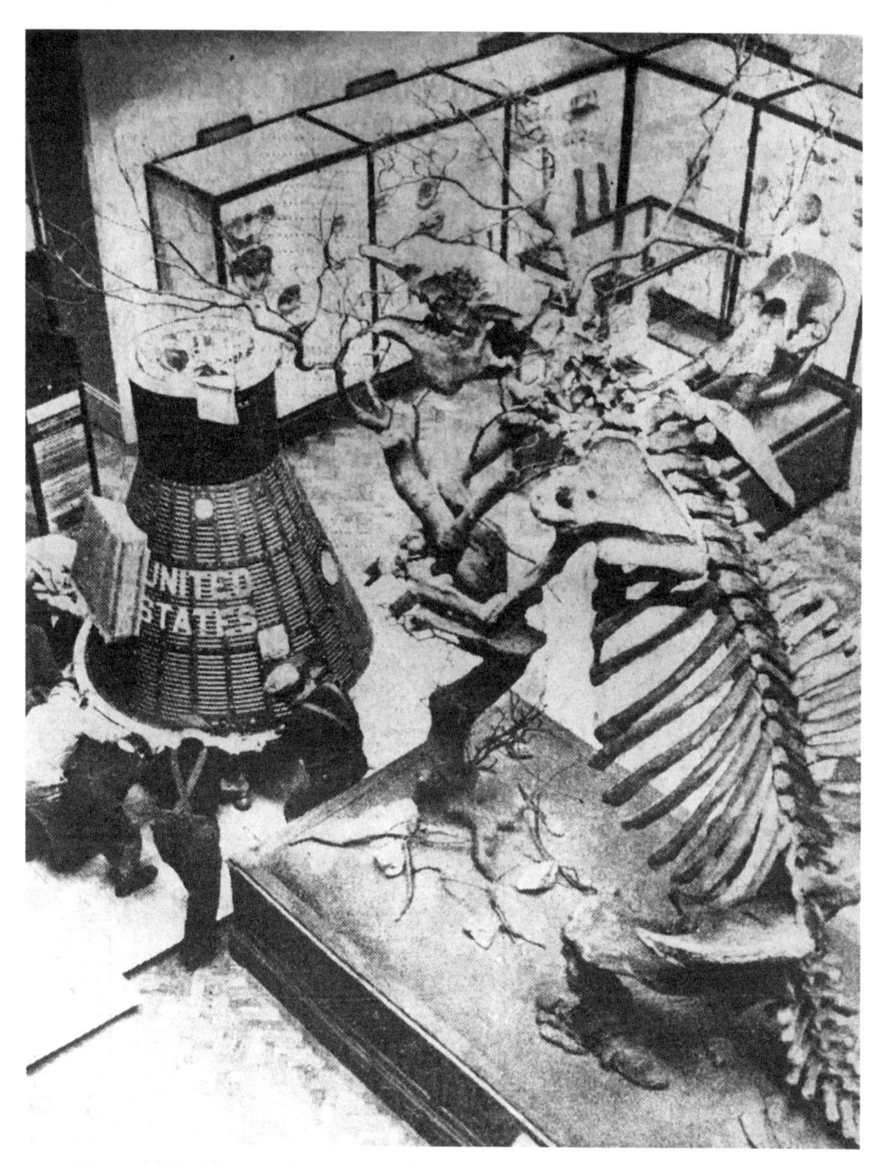

图 26　古代与现代：1966 年 5 月 13 日，《格拉斯哥先驱报》报道，“自由 7 号”正在前往苏格兰皇家博物馆展出的途中。

工厂原址上。[38] 在曼彻斯特，一个科学技术史学术小组对当地工业很感兴趣，并在市议会的帮助下，于1969年成立了一个科学和工业博物馆。[39]1983年，它迁至前利物浦街车站（世界上第一个客运站），正式成为大曼彻斯特科学与工业博物馆（Greater Manchester Museum of Science and Industry），两年后又添设了航空航天厅（Air and Space Museum）。它从德意志博物馆获得了清晰的灵感，现在被简明地称为科学与工业博物馆（Science and Industry Museum，自2012年以来，它一直是科学博物馆集团的一部分）。与铁桥博物馆（Ironbridge，1967年）和比米什博物馆（Beamish，1970年）一样，参观利物浦街车站是一次注重动手体验、充满活力的经历，博物馆在工业环境中展示工作展品和艺术品（即使器物和建筑并不总是相互关联）。

非比寻常的藏品

在美国，出现了一种体验科学的不同方式。互动体验区域迎来了新面孔。尽管这些“科学中心”表面上回避收藏，但它们对20世纪和21世纪的科学博物馆的叙事很重要，所以让我们暂时放慢历史的脚步，仔细考察其中一座。

罗伯特和弗兰克·奥本海默（Robert and Frank Oppenheimer）兄弟对战后美国的物理学影响深远。罗伯特是“曼哈顿计划”的首席科学家，被称为“原子弹之父”。考虑到这一巨大项目的协作属性，这可能有些夸大，但他无疑是一位受人喜爱的“叔叔”。与罗伯特一起参加“三位一体”核试验的还有弟弟弗兰克，他更倾向于动手操作，偏爱实验而非理论。[40]但是，弗兰克与妻子杰基在20世纪50年代麦卡锡主义的大清洗中备受困扰。他被召集到众议院非美活动调查委员会，并被迫离开大学教职。他们回到科罗拉多州，弗兰克最终在那里的帕戈萨斯普林斯中学找到了工作，并在中学里搭建了一套临时的、借用的设备。然后，当他在当地大学找到下一份工作时，他详细介绍了这些设备。在那里，他建立了一个“实验的图书馆”。1965年，奥本海默一家参观了著名的德意志博物馆、巴黎发现宫和伦敦科学博物馆。弗兰克受到了动手操作空间的启发，并认为自己可以做得更好。

搬到旧金山后，弗兰克和杰基计划在1915年曾举办世博会的美术宫中建造一座“非博物馆式”的博物馆，凭他经常使用的魅力，只需每年缴1美元的保证金即可。依靠少量的拨款、大量临时设备和年轻的工作人员，旧金山探索馆于1969年悄然开馆（图27）。后来，一个电视节目将其命名为“欢乐宫”（Palace of Delights，弗兰克认为，这可能会使人联想到风月场所）。弗兰克的表亲、哲学家希尔德·海因（Hilde Hein）在旧金山探索馆中度过了一个夏天，她写道：“参观者们并没有被告知里面是怎样的，他们被邀请自行去探索。”[41]年轻的“讲解员”围绕独立的展品与参观者交谈，每件展品都是从使用者的角度出发，由他们自行建立规则——以方便提问，而不是提供

图 27　大楼里的新面孔：早期的旧金山探索馆，可能拍摄于 1969 年。

答案。例如，在“眼球”（Eyeballs，图 28）展区中，参观者会被鼓励去了解双眼的深度感知。

正如奥本海默设想的那样，旧金山探索馆确实是对学校科学教育的背离和补充。[42] 但这并不像他和他的继任者宣称“没有人会在博物馆考不及格”时所暗示的那样自由和无组织。这种反专家方法需要大量的专业知识，当然也需要讲解员来解释；而反藏

图 28　互动性从一开始就是旧金山探索馆的核心："眼球”展区。贾德・金绘。

品方法同样需要大量的仪器藏品。毫无疑问，旧金山探索馆产生了影响，它鼓舞了许多模仿者，并无偿向世界各地传播展品设计理念。该馆现在位于旧金山海滨，是一项预算数千万美元的大规模项目。然而，这并不是第一个“科学中心”，互动性也不是由弗兰克·奥本海默首创的，正如我们在前文所看到的那样。旧金山探索馆本身并不是没有目标的，从早期开始，首先通过借用的方式取得有历史的设备，然后是永久性获得，包括一架早期飞机的模型、线性粒子加速器的一部分和各种有历史的木工工具；简言之，都是科技藏品中的经典。

20 世纪 60 年代，奥本海默并没有在与外界隔绝的环境中工作。旧金山探索馆只是 20 世纪 60 年代欧洲和北美众多新兴的或重新发展的机构中的一个，这些机构表明了对休闲和科学教育的态度，并使国际博览会重新流行起来。太平洋科学中心（Pacifc Science Center）作为 1962 年西雅图世界博览会（Seattle World’s Fair）的科学馆开始运营；两年后，作为世界博览会的一部分，纽约科学馆（New York Hall of Science）开始投入使用。（其前任馆长、动物学家、后来的华盛顿州州长迪克西·李·雷，在 20 世纪 50 年代创造了“科学中心”一词。[43]）伦敦科学博物馆于 1969 年重新开办了儿童展厅，那里的一名工作人员还参与了北美的另一项重大进展。威廉·奥戴（William O’Dea）在南肯辛顿的多家大型展馆中率先提出了以游客为导向的设计原则和实际操作展览，并将其应用于多伦多新成立的安大略科学中心。这家科学中心对于参与度和传播实验设计的重视，都与旧金山探索馆一样在许多方面影响深远。值得注意的是，与自 1967 年成立以来也拥有精彩体验环节的加拿大科技博物馆（当时名为 National Museum of Science and Technology）相比，安大略科学中心在早期就拥有更大量的收藏品。[44]

无论哪一个范例更为重要，不可否认的是，在接下来的几十年中，这种展示科学技术的方式得到了普及。20 世纪 60 年代的动荡迅速引发了新的增长点。早在 1973 年，北美就已经有了 20 个科学中心，足以成立一个协会（欧洲的类似协会在 1990 年成立）。[45] 在接下来的两年里，这些科学中心的总访问量增加了一倍多，这种方法也传播到了大西洋彼岸。其中一个传播渠道是爱丁堡感知心理学家理查德·格雷戈里（Richard Gregory），他的想法影响了旧金山探索馆核心的视觉展示。正如一位邻居所记得的那样，格雷戈里一直是一个多面手。1970 年，他搬到布里斯托大学后，开始运用自己的综合技能去为英国建立一个与旧金山探索馆相当的场所。[46] 运用 20 世纪 70 年代末打下的基础，他于 1984 年正式成立了“布里斯托探索馆”（Exploratory，该馆于 1989 年搬进了一个铁路货棚，后来成为“布里斯托科学中心”；在撰写本书时，它被称为“我们的好奇心”）。[47] 可以说这是英国第一个科学中心，其后又建立了位于卡迪夫的科学馆（Techniquest）和位于阿伯丁的科学中心（Satrosphere）。到 20 世纪 90 年代中期，英国已有 30 个科学中心。与旧金山探索馆一样，布里斯托探索馆及其同类机构也聘用年轻人作为“讲解员”，以配合独立的“探索性展品”。这一趋势在欧洲大陆也有体现。例如，1986 年，巴黎在一个尚未完工的屠宰场的外壳中建立了规模庞大（且耗资巨大）的科学与工业城（Cité des sciences et de l’industrie），这是欧洲当时最大的科学中心。

科学与工业城现在与老的发现宫一起组成名为“科学万物”（Universcience）的联合体。在这一系列新机构中，我们很容易忽视的是，在我们认为是科学中心的早期形式中，有一些是在已成立博物馆内所设的专用空间。英国最早的此类展厅之一，是自然历史博物馆中的一个新型交互式人类生物学展厅。“发射台”（Launchpad）于 1986 年开展，作为伦敦科学博物馆儿童展厅的继任者，于 1978 年被首次提出，旨在实现“游客参与理念的一次重大飞跃”。1981 年，工作人员在安大略科学中心拜访了他们的前同事威廉·奥戴后，该计划开始被推进。[48] 同年，默西塞德郡博物馆（Merseyside County Museum）短暂的“技术试验台”（Technology Testbed）开展；1988 年，名为“X 体验！”（Xperiment！）的展览在曼彻斯特科学与工业博物馆举办；同是 1988 年，在伯明翰科学与工业博物馆（Birmingham Museum of Science and Industry）举办了由数学高手卡罗尔·沃德曼主持开幕式的“科学之光”（Light on Science）展览。苏格兰皇家博物馆为这一时期的年轻游客设立了一个探索中心（Discovery Centre），事实证明它“对成年人和儿童、临时访客和学校班级同样有吸引力”。[49] 在美国，科学与探索中心协会（Association of Science and Discovery Centers）也包括富兰克林研究所、芝加哥和波士顿科学博物馆等老馆，它们是亲身体验式展览的先驱。它们具有科学中心的所有特征：旨在帮助年轻游客提出问题，了解科学是如何运作的。但它们是被嵌入传统博物馆中的。尽管其支持者将它们与以收藏品为基础的机构区分开来，但科学中心运动的许多最突出的例子都表明，其实是它们鸠占鹊巢。[50] 科学藏品仍在继续服务于它们的功能。

有历史的藏品

20 世纪 60 年代出现了新一代展厅空间，新一代专业人士正在将科学藏品幕后的历史用途揭开，以与上文概述的发展趋势相同步。宏伟的新建筑讲述着博物馆的历史：要了解藏品的功能，我们需要了解它们是如何被使用的，不仅是在展览中，而且是在学术上。在这里，我们清楚地看到了策展人的热情对藏品的影响。物质文化的历史是关于人类的故事。

要找到文物领域悄然复兴的根源，我们需要再回溯 20 年，重新关注“二战”后人们对历史重新燃起的兴趣。将继续担任工艺博物馆首席策展人的莫里斯·道马斯（Maurice Daumas）撰写了第一篇关于科学仪器历史的分析，他将学术的严谨性引入展览和研究中。[51] 与此同时，另一位科学史学家弗兰克·谢伍德·泰勒（Frank Sherwood Taylor）在牛津担任了科学史博物馆馆长。他曾是一名化学家，他的灵感来自“一战”时他在帕斯尚尔战役中受伤的经历。随后，他继续担任伦敦科学博物馆馆长（尽管很不开心），在他的任期内，他培养了年轻的弗兰克·格林纳韦（Frank Greenaway），格林纳韦作为化学的守护者，将在自己的写作和展览中继续强调历史的重要性。[52]

20 世纪 60 年代，随着人文学科的发展，格林纳韦成为一代历史学家策展人中的一员，他们与越来越多在大学任职的科学史学家一起工作。德意志博物馆一如既往地走在最前沿，与大学共同建立了科学史和技术史研究机构。伦敦科学博物馆的工作人员撰写了以深奥历史为主题的博士论文。许多历史仪器在以文物为重点的新展厅中展出或重新展出，如 1964 年伦敦科学博物馆的化学展厅在 20 世纪 70 年代重焕生机。在华盛顿特区，训练有素的技术史学家加入自学成才的策展人行列中，成为现在美国历史与技术博物馆的工作人员。其中包括著名的藏书家、钟表师和仪器学者西尔维奥·贝迪尼（Silvio Bedini），他担任副馆长，并多次担任代理馆长。20 世纪 60 年代末的新成员包括工程历史学家奥托·迈尔（Otto Mayr，后来领导德意志博物馆）。在担任馆长期间，工程历史学家罗伯特·马尔特霍夫（Robert Multhauf）主编了科学史杂志《Isis》，并坚持让员工出版学术性的历史著作。他有充分的理由认为美国历史与技术博物馆是美国技术史研究的主要中心。[53]

20 世纪 70 年代末，拥有历史教育背景的策展人中有许多女性，包括华盛顿的黛博拉·简·沃纳（Deborah Jean Warner，图 29）和爱丁堡的艾利森·莫里森–洛（Alison Morrison-Low）。她们是收藏界的新浪潮中专业策展人和其他博物馆专业人士的一员。莫里森–洛在 1986 年一个关于历史仪器的新展厅的建立中发挥了重要作用，该展厅里面有 2000 多种仪器，从 12 世纪的星盘（图 30）到维多利亚时代的岩石学显微镜，应有尽有。[54] 此时，新成立的苏格兰国家博物馆集团的负责人是罗伯特·安德森（Robert Anderson），他曾在苏格兰皇家博物馆作为初级科学策展人开始了自己的职业生涯。在过渡时期，他在伦敦科学博物馆待了 10 年，

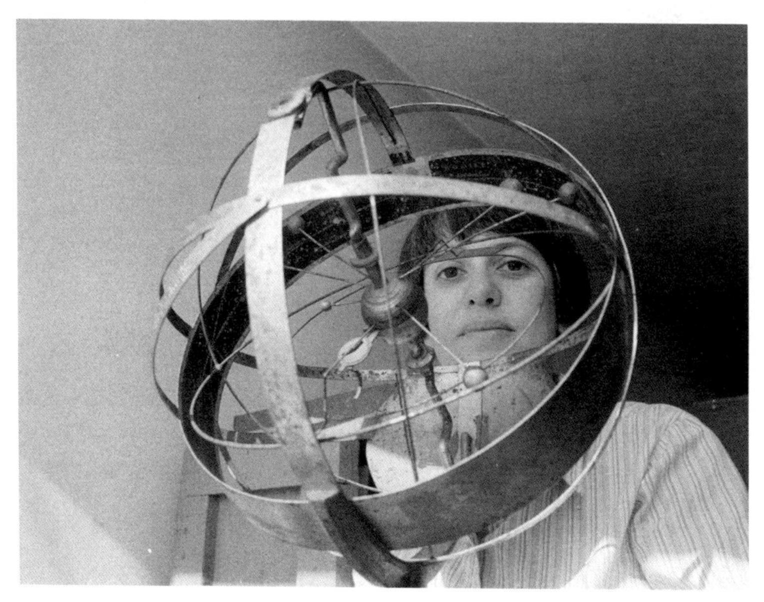

图 29　1978 年，史密森尼学会策展人黛博拉·沃纳与浑仪。

图 30　在爱丁堡收集和展示的一个黄铜制星盘。这是现存最早的有签名和日期的在欧洲制造的星盘，由西班牙科尔多瓦的穆罕默德·伊本·萨法尔（Muhammad ibn al-Saffár）于 12 世纪早期制作，并带有 13 世纪的网环（穿孔的前板）。

并与格林纳韦一起在那里的化学展厅工作。安德森仍然是一位满腔热忱的科学史学家，他将自己的馆长职责与主持国际性的科学仪器委员会结合在一起。

在较新的机构中可以找到这种业内的努力：巴黎科学与工业城设有一个科学史研究中心。[55] 类似的发展在伦敦科学博物馆也很显著，随着越来越接近繁忙的当下，我们将缩小关注的焦点以更清晰地了解其发展。在英国，科学史在新的英国国立科学与工业博物馆（National Museum of Science and Industry）的保护下得以延续，工业遗产与像“发射台”之类的互动体验也随之发展。馆长尼尔·科森（Neil Cossons）在 20 世纪 80 年代末进行了一次彻底的重组，成立了全新的研究和信息服务部门。这个部门最初由罗伯特·福克斯（Robert Fox）领导，他是一位受人尊敬的科学史学家，曾在巴黎科学与工业城指导历史研究。福克斯的目标是促进学术出版，但博物馆中新一代（或是较新一代）的科学史学家表达了他们的兴趣点不仅在于出版物和展览，当然，更在于收藏。

对于古董仪器的交易日益增多，策展人还对刚刚过时不久的科学设备（图 31）进行了“抢救”收集，包括大型计算机及核电站的控制面板。然而，尽管拍卖室和实验室之间的跳跃极大地推动了科学藏品的发展，但在任何时候对于任何科学藏品的最大的收集活动都使前两者相形见绌。制药巨头亨利·威康（Henry Wellcome）在 20 世纪初收集了大量的私人藏品，包括购买医学史相关的物件，并且贪婪地（不加辨别地）积累考古学和民族学

图 31　苏格兰国立博物馆的科克罗夫特 – 沃尔顿（Cockcroft-Walton）发电机，这是策展人“救出”的大型科学设备之一。1989 年，热情的游客正在参观这一展品。

方面的器物。就财富、影响力和收藏冲动而言，在 20 世纪的科学、技术和医学领域，只有实业家亨利·福特（Henry Ford）可与威康匹敌。福特收集了大量的美国技术类藏品，如同一本巨大的“生动的教科书”。[56] 虽然福特的藏品仍保留在以他的名字命名的博物馆中，但在威康去世（1936 年）后的 30 年里，人们才完成对他已经遍布多家博物馆和仓库的藏品的挑选、整理，并讨论它们的命运。1978 年至 1983 年，这些藏品最终在我所知的唯一一次以吨为单位的藏品交易过程中分散了。对医学史很感兴趣的弗兰克·格林纳韦认为伦敦科学博物馆可能是其中一部分的好去处。尽管只剩下了一小部分藏品，但非常特别的医学藏品部分仍然包含了超过 10 万件器物。当伦敦科学博物馆从威康信托基金会获得“永久租借许可”而接收它们后，其馆藏数量增加了一倍，最终形成了两个大展厅。这些伟大的藏品证明了收藏家的奇思妙想，以及接收它们的策展人的浓厚兴趣。

理解藏品

从这一章中可以清楚地看到，自科学藏品问世以来，历史和现代潮流就一直贯穿其中。在 20 世纪，有物质实体的文物和动手互动之间的紧张关系一直摇摆不定；因此，在世纪末，围绕科学博物馆的功能（尤其是它们应该与过去或现在相关联到什么程度）的辩论仍在继续也就不足为奇了。20 世纪争论的最后一个转折点是一种被称为“公众理解科学”的方法（这是对奥本海默曾经使用的一个术语的重新强调）。

20 世纪 80 年代初，由英国最伟大的科学家们所组成的协会——英国皇家学会（Royal Society of London）的成员们对普通民众不理解（更不用说欣赏）他们的伟大工作感到担忧。所以他们做了学术团体最擅长的事情：召集了一个委员会。由遗传学家沃尔特·博德默（Walter Bodmer）领导的这一组织于 1985 年发表了报告，并呼吁科学家通过电视和其他大众媒体与公众沟通。在以消费者为主导的 20 世纪 80 年代，他们将非正式和正式的科学教育与国家繁荣联系起来，并赞扬知情决策的优点。[57] 尽管该组织成员包括伦敦科学博物馆馆长玛格丽特·韦斯顿（Margaret Weston），以及非常熟悉自然历史藏品的大卫·阿滕伯勒（David Attenborough），但博德默的报告几乎没有提及博物馆。他认可了科学中心，但只提到了布里斯托探索馆的名字。然而，这份报告也促进了公众理解科学委员会（Committee on the Public Understanding of Science，COPUS）的成立，其中包括英国皇家学会、英国皇家研究院和英国科学促进协会（British Association for the Advancement of Science）。公众理解科学委员会于 2002 年关闭，随后成立了一个工作组来支持科学中心。[58]

公众理解科学的主要支持者可能没有太多关注博物馆，但博物馆注意到了这一方法。毕竟，一段时间以来，他们一直在向公众宣传科学。自万国工业博览会以来及在此之前，人们利用科学藏品来让大众更好地了解自然世界以及开发利用自然资源的工业。20 世纪 80 年代的博物馆热衷于成为最新时尚的一部分，例如，巴黎科学城和芝加哥科学与工业博物馆都在这一框架内确定了自己的身份。[59]

在英国，伦敦科学博物馆尤其热衷于此。在罗伯特·福克斯所在的研究部门，他的继任者约翰·杜兰特（John Durant）诚挚地参加了这场运动。他是公众理解科学委员会的成员，后来担任麻省理工博物馆馆长。在他任职期间，他管辖的部门被重新命名为“科学传播部”；他编辑了一本新期刊《公众理解科学》；像“科学盒子”这样的临时展览展示了最新的科学（与永久性展览分开）。[60] 策展人和历史学家希望利用藏品和它们所讲述的故事来将科学拟人化，作为一个过程，去“打开科学之家”。[61]

这种势头一直延续到 20 世纪 90 年代。新成立的欧洲科学中心和博物馆集团名为“欧洲科学、工业和技术展览合作组织”，由理查德·格雷戈里领导，明确将自己定位为这一领域的一个网络。[62] 工艺博物馆于 20 世纪 90 年代在公众理解科学的思路下进行改造，而在南肯辛顿，新的威康侧楼明确关注当代，尤其是生物医学和信息技术。同样，在美国，对国家科学文盲的担忧逐渐演变成一场可被察觉的危机，而科学博物馆越来越多地采取以参观者为导向的方式来举办展览和项目，现在这些被纳入“非正式科学教育”的框架。[63] 在华盛顿国家广场，美国历史与技术博物馆现在是国立美国历史博物馆，但 1995 年，一个新的发明和创新研究中心（Center for the Study of Invention and Innovation）将其在技术史上的传统优势与激发创造力的努力相结合，后来通过“火花实验室”（Spark！Lab）呈现出来。赞助人杰罗姆·勒梅森（Jerome Lemelson）希望创新能“让年轻人感到兴奋”。[64]

科学中心在20世纪90年代掀起了公众理解科学的浪潮，这在政治上是合理的。有几家科学中心属于城市重建计划的明确组成部分，例如，巴尔的摩的马里兰科学中心（Maryland Science Center）。21世纪初，特别是中国，在旧金山探索馆模式的基础上对新的科学博物馆兼中心进行了大规模投资，其目标是建立200个新机构。[65]在全世界500多家科学中心中，英国大约有20多家独立的科学中心，其中一半是在千禧年建立的，这要归功于2.5亿英镑的资助，布里斯托科学中心的首席执行官吉莲·托马斯（Gillian Thomas）称之为“这个国家有史以来在科学传播方面最大的单笔投资”。[66]

然而，正如英国上议院关于这个问题的委员会所承认的那样，几乎没有证据表明这一切对公众（无论定义如何）对于科学（无论定义如何）的理解产生了影响；并不含讽刺意味地说，衡量这场运动成功与否的是“一门不精确的科学”。[67]运动的领导者们呼吁从“公众理解科学”转变为“参与科学”；事实上，这是随后的几年里行业的发展方向。

混合的收藏品

用一位参与者的话说，公众理解科学运动“在20世纪90年代末突然停止”。[68] 并非所有的新中心都在千禧年喧嚣后的消退中幸存下来。与此同时，有藏品的科学博物馆——许多都有自己的科学中心——顽强地维持着。当然，它们面临着挑战，但它们有着双重目标的漫长历史让它们幸存了下来，并履行着我们将在后面章节中探讨的职能。因此，就像傅科摆一样，科学博物馆在其整个历史中来回摆动，在过去和现在之间，在操作和观察之间，在科学和工业之间。在探索当下的位置之前，我们要停下来反思一下这段历史对科学藏品的启示：它们是独特的；它们是政治性的；它们是混合的。

科学博物馆一开始可能看起来是普适性的，无论地点或特色如何，它们都在宣传和解释永恒的真理。但如果说这趟回顾历史的旅行能够揭示什么的话，那就是，它们的发展是非常偶然的。博物馆特别依赖于创始人的热情和地位，我们在这一过程中遇到了一些特殊的人：从古怪的亨利·格里高利，到坚持不懈的公务员亨利·科尔，从有号召力的奥斯卡·冯·米勒，到习性难改的物理学家弗兰克·奥本海默，创始人的怪癖表现在他们的机构中。他们对地点的选择，对事物的选择，将会塑造藏品。因为策展人喜欢遵循原有的做法，他们收藏的是被选择留下来的事物，而不是曾经存在的事物。因此，即使他们的继任者可能花了更多的时间，添置了更多的物件，建造了更大的建筑物，但受人尊敬的创始人会投下长长的阴影——他们的神话会被后人延续下去。

在探索科学博物馆的人文因素时，我们已经发现政治在多大程度上塑造了这些所谓的“中立实体”。这一点我们可以从它们的建立中看到：如维多利亚时代的改良文化和南肯辛顿博物馆，20世纪早期的国家建设、帝国建设和德意志博物馆，以及诞生出旧金山探索馆的摇摆的60年代。随后，它们受到民族主义和经济浪潮的影响。例如，博物馆成为“冷战”的工具，特别是在促进太空竞赛方面。20世纪80年代，英国的博物馆首次开始收费就明确反映了政治风气，将参观者定义为顾客而非学生。正如玛格丽特·撒切尔（Margaret Thatcher）在谈到英国过去和现在的独创性时所宣称的那样：“我很高兴伦敦科学博物馆也展示了最现代的技术——例如在关于化学工业、塑料和空间技术的新展厅里。”[69] 在最后一章中，我们将回到中立的神话（以及另一位引发争议的英国首相）。

也许不应该感到奇怪，这些超凡脱俗的地方和任何其他机构一样有着人的本性。科学博物馆是由个人习惯、机缘巧合和偶然性形成的；它们是受所在地影响的。它们的目标也会因紧张的关系而四分五裂。纵观科学博物馆的历史，正如我们一次又一次看到的那样，它们在众多方面中摇摆不定。人类学家莎伦·麦夏兰（Sharon Macdonald）曾写道，一面是“传统的‘黄铜和玻璃’呈现的令人打呵欠的女海妖斯库拉”，另一面是“无实物科学中心里‘非比寻常’但可能空洞的大漩涡卡律布狄斯”，两者之间存在着令人不安的关系，但这并不是什么新鲜事。[70] 博物馆和科学中心之间的紧张关系被夸大了：科学收藏馆总是一部分是关于文物，一部分是关于动手操作的。傅科摆仍在继续摆动。

第二章

收集科学

图 32 中的这两只冻干处理的雄性小鼠并不像人们所预料的那样被收藏在自然历史展品中，而是在伦敦科学博物馆的“创造现代世界”（Making of the Modern World）展馆中展出。因为这些不是普通的啮齿类动物。它们是哈佛鼠，更著名的名字是“肿瘤鼠”，是第一种从其他生物体引入遗传物质的动物。可悲的是，这种转基因使它们更容易患癌症；但让我们人类感到高兴的是，哈佛实验室随后利用它们来了解这种疾病。作为转基因生物 1134 号和 1136 号，它们是临床研究的重要工具；作为 1988 年参与美国专利 4736866 号（第一个获得专利的哺乳动物）的原始小鼠的后代，它们是复杂的知识产权系统的一部分；作为伦敦科学博物馆 1989 年获得的藏品，编号 1989–437，它们是重要的博物馆标本，跨越生物体和工艺品边界的器物。[1] 为什么伦敦科学博物馆要在众多的生物体中收集这些特定的目标生物体呢？它们又能提供关于科学博物馆的什么信息呢？

到目前为止，在本书中，我们已经了解了科学藏品的“内容”

图 32 肿瘤鼠，或称哈佛鼠。冻干处理的雄性转基因小鼠 1134 号和 1136 号，是第一批获得美国专利的哺乳动物的直系后代。它们现藏于伦敦科学博物馆。

和“时间”，接下来我们将考虑“如何获得”。这不是一件简单的事。收集科学、技术和医学器物可能很困难，很花钱，而且往往吃力不讨好。有人可能会认为，在所有博物馆学科中，科学是按科学的方法收集的：科学的事物真的是冷静而全面地收集起来的吗？正如一位前策展人所观察到的，“参观者往往认为我们收集的事物是客观的、永恒的”。[2] 我们真的确定已经摆脱了上一章中发现的怪癖和特质吗？21 世纪的科学博物馆真的不再受制于个性和偏见吗？

科学藏品和其他藏品一样，依赖于特定的兴趣、当地的力量和偶然的发现，这一点不足为奇。通过对日常收藏实践的分析，我们可以更好地了解藏品是如何被塑造的，以及策展人在选择永久保留的器物时所发挥的作用。我们发现，藏品继续受到我们已经遇到的紧张关系的影响：历史遗迹与当代工具相互碰撞；巨大与渺小的并肩排列；伟大个人实验的遗迹与日常科学实践的对比。探索这些紧张关系带来的挑战和好处表明，收集从根本上讲是人性的、局部的一种活动，其结果也是人性的、局部的——但这都是为了使藏品变得更好。博物馆收集旧的和新的、有形的和无形的事物，但最重要的是，它们收集故事。

我们将在收集科学的考验和磨难中追踪一大堆器物，从17世纪精美的时钟到新冠肺炎疫情相关的物品，肿瘤鼠只是其中之一。这些器物的故事将首先阐明，像伦敦科学博物馆的罗伯特·巴德（Robert Bud）或加拿大国立科技博物馆团体的戴维·潘特罗尼（David Pantalony）这样的策展人是如何挑选器物的，以及他们面临的挑战；然后是器物到达的不同方式，无论是通过"实地获得"、赠予、购买还是通过数字渠道。收藏技巧将物品变成藏品，我们也将看到，这种流动有时会发生逆转，科学藏品既会增加也会减少。我们再次发现，科学藏品虽然看上去像是静止的纪念碑，但它们实际上是生动、活跃的实体。

收集什么

科学藏品的发展不平衡，在形成时期和帝国收藏时期的高峰期增长更快。虽然创始人雄心勃勃地进行百科全书式的收集，寻找自然和文化世界中一切事物的代表性例子，但 21 世纪的策展人则更具选择性。根据项目时间表、新建筑等，收集时有发生。例如，在本书编写的大部分时间里，加拿大科技博物馆在建造新的加拿大国立科技博物馆团体中心（Ingenium Centre，我们将在下一章讨论这座闪亮的新场所）时暂停了收购。尽管如此，从老鼠到显微镜，从真空吸尘器到电压表，世界各地仍不断有器物成为科学藏品。

一个中等规模但保持活跃的专业科学仪器收藏，正如剑桥的惠普尔科学史博物馆（Whipple Museum）一样，每年往往会引入 100 件物品。像伦敦科学博物馆或德意志博物馆这样有着大型馆藏的机构，每年将收藏数百件实物和数字藏品，以及采访、照片、文件和手册等背景材料。为了进行比较，我将对这三个机构近几年来其中一年的收藏活动进行简要说明，并将其与苏格兰国家博物馆集团的相关部门做对比（图 33）。[3] 一年的收购量仍然只占其中任何一家的总藏品规模的 1%，正如我们在引言中看到的那样，这些博物馆的收藏规模达到了几十万件。科学藏品的年度增长可能超过了艺术藏品每年数十件的增长，但与自然历史博物馆每年收藏的数万件藏品相比，则相形见绌。

新收购藏品的性质将超出引言中首次提到的物品范围。有些是特殊的物品，如肿瘤鼠，伦敦科学博物馆将其归类为“标志”，或与国立美国历史博物馆认为代表“重大事件”的事物相关，无

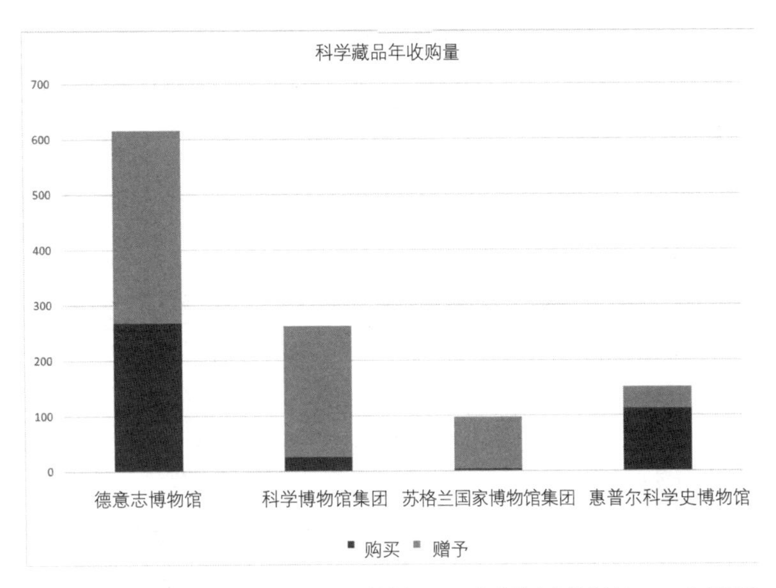

图 33 从 4 个科学馆藏中获取的购买数量的样本：2017 年的德意志博物馆与 2018 年的科学博物馆集团、苏格兰国家博物馆集团（仅限科学和技术部分）和惠普尔科学史博物馆。数量并不总是最好的衡量标准，但基本表明了收集的规模以及捐赠和购买之间的平衡。

论是社会方面还是科学方面的。[4] 有些与地方知名人物有关，无论他们来自哪个国家、地区或代表哪个民族；其他的则具有国际重要性。加拿大国立科技博物馆团体称这些为“标杆”，例如，策展人戴维·潘特罗尼于 2010 年收购了加拿大的第一台激光器（图 34）。物理学家鲍里斯·斯托伊切夫（Boris Stoichef）和亚历克斯·绍博（Alex Szabo）于 1960 年制作了这种被玻璃管包围的红宝石晶体，并于 1961 年短暂启用。在抽屉里待了 10 年之后，它又在加拿大国家研究委员会（National Research Council）的实验室里展出了 40 年。甚至在它进入博物馆之前，就已成为一个标杆。

图 34　1961 年，加拿大第一台运转正常的激光器：一个棒状红宝石晶体，周围有一个快速放电的闪光灯，装在一个铝制圆柱体中。现藏于加拿大科技博物馆。

但是，对于每个领域来说，首先，每天都会有更多的器物是从日常生活中得到的。这些器物反映了科学实践、技术和交通工具的使用以及医学经验。伦敦科学博物馆最近收藏的不起眼的物品包括医学展厅的一个茶杯，用于展示脊髓灰质炎疫苗在印度的推广方式。新收购的大多数器物往往很小，并且是成套的。例如，在取样的年份中，科学博物馆集团收购了 20 个老行李标签和 75 枚铁路盾徽，而苏格兰国家博物馆集团则从苏格兰水电公司收购了一大批电测量仪器。同样，大学博物馆也大批收购。例如，瑞典当地诺贝尔奖获得者的仪器被送往乌普萨拉大学的古斯塔维纳姆博物馆（Gustavium）；在加拿大，当女王大学的物理系搬家时，19 世纪的仪表被送到了历史收藏馆中。[5]

有些藏品很罕见，有些藏品很常见；和现有的藏品一样，有些是旧的，有些是新的。在上一章中，贯穿藏品历史的古代与现代的二元性在今天仍然很明显。在前面的简要调查中，我发现科学博物馆集团收集的器物中有 7% 来自 21 世纪，而德意志博物馆则有 17%。在爱丁堡新收购的藏品中，有一批简陋的陶瓷螺母和螺栓，它们直接从生产线运来，在一场新展览中展示当今陶瓷的多功能性。剑桥大学惠普尔科学史博物馆正忙于从一家科学仪器经销商那里购买一台伊丽莎白一世时代的精美设备，用于计算潮汐时间，并转换太阳历、农历和黄道历（图 35）。[6]

将这些器物连接起来的是它们的科学意义或其他意义。意义并不是绝对的，不同的要素会在不同种类的藏品中被强调——在

图 35　一台 16 世纪的潮汐计算器，科学仪器制造商查尔斯·惠特韦尔（Charles Whitwell）所有，由惠普尔科学史博物馆购买。

艺术上、历史上、自然历史上。意义也会随着时间发生变化。例如，虽然一个 19 世纪的技术博物馆可能会寻找国家创新的例子，但近年来，科学博物馆则收集器物来阐明科学与社会之间的关系。器物的意义包括社会、文化、美学以及技术因素，当然，在选择器物时有许多非科学因素在起作用。例如，曼彻斯特的科学与工业博物馆代表了“科学、工业和社会之间正在进行的相互作用”，同样，加拿大国立科技博物馆团体收集了“科学技术的产品和过程及其与社会的经济、社会和文化关系”，并将重点放在“人与科学技术之间的关系上”。[7] 这些器物都是为了将科学与其他文化联系起来。毫无意外，在判断这些联系时存在着强烈的人为因素。加拿大国立科技博物馆团体策展人戴维·潘特罗尼评论道：“收藏工作并不都是理性的。我们必须相信这个领域之外的非智力因素。让这一领域见多识广的策展人感到惊讶和着迷的事物，可能对藏品和博物馆展览具有很大的价值。”[8]

让我们将这些持久的紧张关系留在心里，现在转向幕后，看看策展人如何做他们最喜欢做的事情：收集事物。

收集时面临的挑战

策展人在收集科学器物时面临着相当大的挑战。在继续揭示他们成功获得器物的模式之前，我们将考虑科学器物的大小和复杂性带来的困难，但首先，是它们令人困惑的数量。

苹果手机在21世纪似乎是无处不在的技术器物。可以确定，它们中至少有一部应被摆放在博物馆里，但是选哪一部呢？工业革命以来丰富的物质文化使策展人感到困惑。最近的一项研究项目旨在解决这个问题，即“丰富”的问题。“面对今天生产的如此之多的产品——从工业化和大规模生产开始，尤其是自19世纪中期以来，然后是后福特主义生产方式自20世纪70年代以来加速了这一进程——是否能确定哪些可以被保留到未来？”[9]现在物质极大丰富，新产品也很快进入市场。技术器物可能很常见，但如果没有前策展人的收藏，就不会有科学实践的历史记录。如果今天的策展人不按照前辈的方法，历史记录中就会少一代器物。

解决“丰富”问题的一个办法是提前选择，大胆选择。以最流行的科技公司苹果公司为例。在国立美国历史博物馆收藏的100多件苹果产品中，影响最大的可能是2001年9月11日袭击事件后在世贸中心遗址发现的简单适配器。在苏格兰国家博物馆集团，我们收集苹果手机已经有10年了，这是对现有的以电报为开端的通信收藏的良好扩展。但是，在20多种型号和售出的数十亿部手机中，我们会收集哪些？我们会选择那些有故事的。其中一部是一次在线竞赛的奖品（图36），它是在第一部苹果手机在欧洲市场上市之前获得的，这一定会使它成为英国最早的苹果手机样品的有力竞争者。另一部曾属于杰出的视频游戏设计师溜溜球游戏公司的迈克·戴利（Mike Dailly），他用这部手

图 36　第一代苹果手机及其原始包装，作为在线竞赛的奖品从美国获得，于 2007 年 11 月运至苏格兰。

机来开发游戏“接龙纸牌”——在巅峰时期是苹果手机上最受欢迎的免费游戏。第三部属于摄影记者大卫·古登菲尔德（David Guttenfelder），他曾为《国家地理》杂志和照片分享平台照片墙（Instagram）等拍摄冲突地区的照片并获奖，他本人也是照片墙的早期领导者。因此，尽管有人可能会认为手机对于博物馆来说很无聊（也许第一眼看到肿瘤鼠时也会这么说），但一旦手机在使用者手中，所有手机都是独一无二的。它们的故事可以帮助我们选择，提供了一条走出纷繁迷宫的道路。

苹果手机可能很难选择，但它们具有便携性的优势。科学技术的许多部分并不是那么轻便：蒸汽机，无论是静止的还是运动的；建筑物大小的早期计算机；工业设备；粒子加速器。帝国战争博物馆（Imperial War Museum）拥有一件同时是展馆场地的藏品："贝尔法斯特号巡洋舰"博物馆（HMS *Belfast*），该馆还试图在 20 世纪 70 年代购买一艘核潜艇。[10] 科学藏品中有许多反射和折射望远镜的精美范例，但很少有超过几十米的超大望远镜。近年来最重要的科学发现之一是获得诺贝尔奖的引力波探测，它使用了一对仪器将激光束投射到 4 公里长的“手臂”上。这些都很难收集，因此伦敦科学博物馆借用了一个原型分束器，它至少可以被放置在一个房间里（图 37）。像空间这样极端求实的元素决定了收藏的数量；而且博物馆学和大自然一样厌恶真空，所以博物馆仓库常常被塞得满满当当的。

策展人必须善于表现各式各样的技术的物质性。当伦敦科学

图 37　激光干涉引力波观测站的引力波探测器悬挂系统原型，以及伦敦科学博物馆收集的虚拟金属测试块。

博物馆收藏了一组大型强子对撞机时，策展人还获得了一辆曾被用来在这个巨大的仪器周围行驶的自行车，这巧妙地概括了科研事业中人类的能力范围和构成要素。[11]我最喜欢的器物之一来自苏格兰国家博物馆集团：默奇森石油平台顶部的火炬尖。当提取石油时，未经处理的天然气也会喷出地面，并作为无法使用的气体燃烧掉，而火炬正是用于在远离主钻机的安全距离处燃烧它们的。火炬停止使用后，策展人埃尔莎·考克斯（Elsa Cox）说服石油公司将它从（有利可图的）报废品中拯救出来（图 38）。尽管火炬尖只占整个器物的一小部分，但凑近看还是令人印象深刻，它是我身高的 2 倍，重 800 公斤。人们很难找到一种更有力的方式来说明北海石油工业的庞大规模及其停止使用的物品，以及这一切对英国意味着什么。它是代表整体的一个部分，这是一种提喻法，在空间有限的博物馆中是一种巧妙的策略。同样，这是我们通过收集视频、艺术品和石油平台上生活的见证收集到的故事。[12]

有时，藏品的尺寸问题不是过于巨大，而是过于微小。近年来，纳米技术——以十亿分之一米的规模操纵物质——变得越来越重要。曼彻斯特科学与工业博物馆的莎拉·贝恩斯（Sarah Baines）围绕石墨烯展开收集，这种物质是邻近的大学于 2004 年发现的，由坚固的六角形晶格中的单层碳组成。在展览“神奇材料”（Wonder Materials）中，她和同事展示了一个胶带切割器，被石墨烯的发现者之一康斯坦丁·诺沃肖洛夫（Konstantin

图 38　2017 年，策展人和困惑的专业打捞人员端详着北海北部默奇森石油平台上的火炬尖。它处于不同状态之间：脱离其运作的海洋环境，但尚未成为博物馆的藏品。图中显示了如何拆卸可管理部分的建议。

Novoselov）用来提取这种看不见的物质（图 39）。[13]

无论大小，技术类器物往往相当复杂，策展人和参观者都难以掌握。许多科学仪器都患有“黑匣子”综合征：它们由难以理解的系统组成，通常是电子的，没有什么特色。戴维·潘特罗尼在收集了一个手术记录器后（实际上是一个蓝色的盒子），曾想努力破解它。该设备是在多伦多一家医院开发的，通过与飞机上的黑匣子类似的方式捕捉声音和画面。戴维收集它是为了展示这种“大胆而新颖的做法，针对的是外科文化的传统观念、不成文

图 39　石墨烯，神奇的材料。2002 年用于提取这种微小物质的胶带切割器，2016 年在曼彻斯特科学与工业博物馆举办的“神奇材料”展览上展出。

的专业知识和权威性”，但他意识到它是“遥远的、抽象的、神秘的、无聊的而且非人性化的”。[14]它的组成部分是在世界各地制造的（说明科学和技术的国际性），一些是由具有军事利益的公司制造的，从而突出了科学器物所带来的专利、知识产权以及机密的复杂系统（另一家博物馆展出了一个起搏器的空壳，因为该公司还不想捐赠这些商业敏感设备）。而且，至关重要的是，戴维没有能够立即收集到手术蓝盒，因为它仍然在使用中。准确地说，他标明了这件展品以后会回来。策展人们明白，科学是一项尚未完成的事业。

如何收集

2013 年，戴维完成了从渥太华到温尼伯的长达 4000 公里的往返寻宝行程，没有被藏品丰富的数量、规模和复杂性吓倒。和其他类藏品的策展人一样，他也进行了实地考察：这既不是清理化石，也不是抓泥鳅，而是在科学家的地盘上和他们互动来获取他们的工具包。这是他和其他策展人获得新材料的不同途径之一，这些材料可以被收集、购买、赠予、借用或下载。让我们沿着一些器物的路径走近藏品，以揭示策展人的交易技巧。当然，也包括他们同事的技巧。在专业人员众多的博物馆里，策展人与登记员合作处理这些新增藏品，文物修复师负责评估和摆放它们，收藏品管理员负责保存它们。

戴维访问了温尼伯曼尼托巴大学的物理学家们，特别是那些研究飞行时间质谱的物理学家，他关注的是他们对生物分子进行创新分析的仪器。“一些科学设施既有深厚的文物元素，也有引人注目的感官体验，值得注意和保存。”他后来回忆道。[15] 他“调查了大量的电子设备”，在科学家的建议下，他选择了“飞行时间串联质谱仪”（大约 1990 年生产，3 米高）。他还为以后的收购做了预先的安排：在其使用寿命结束之后收购“曼尼托巴Ⅱ号”的一部分。“曼尼托巴Ⅱ号”是一个定制的有房间大小的仪器，团队已在其上制定了原子质量的国际标准（图 40）。“这间屋子和仪器记录了 40 年的辛劳和胜利。”戴维评论道，“书架上有日志、废弃零件、工具、标志、很多块记录研讨内容的黑板、交易资料、文本和过时的印刷品。该仪器展示了无数的修改、铭文、警告、高温留下的条纹以及胶带——很多的胶带。”[16] 这些辅助材料和机器的临时角色都很吸引人，不仅提供了背景信息，更重要的是，提供了与设备相关的人类故事。像戴维这样的策展人成了专业的经纪人，他们建立了这些关系，并知道向谁索要什么以及何时索取，以便提取这些故事。

戴维的访问是更广泛的协同努力的一部分，但有时实地考察可能是为了回应一个机构的紧急电话，电话里说他们发现了一些策展人可能感兴趣的器物，不过推土机进驻前的时间有限。苏格兰国家博物馆集团的策展人们有一种技巧，能够在恰好的时刻迅速进入即将停运的发电站。[17] 诚然，他们离开时只从大量的机器

图 40　实地考察：曼尼托巴大学物理系现场的“曼尼托巴Ⅱ号”质谱仪。策展人戴维·潘特罗尼为加拿大科技博物馆留意到它。

中带走了很小的部分，但人们可以用电话这样简单的器物讲述宏大的故事——电话将英国国家电力公司与曾经位于福斯湾岸边的朗格尼特电站连接起来（图 41）。其他时候则不那么紧迫：策展人能够更细致地访问欧洲核子研究组织，并考虑收集我们在本书开篇遇到的铜制加速腔（图 42）。四处漫游的策展人也会在偏僻的地方找到有趣的旧仪器。正如达特茅斯学院的理查德·克雷默（Richard Kremer）对其大学藏品的思考：

图 41　用于连接朗格尼特电站和英国国家电力公司的电话，苏格兰国家博物馆集团在其拆除前夕收集。

图 42　苏格兰国家博物馆集团的戈登・里图尔（Gordon Rintoul）和亚历山大・海沃德（Alexander Hayward）与彼得・克拉克（Peter Clarke）的合影。物理学家彼得・克拉克帮助该馆与欧洲核子研究组织建立关系，从而使博物馆获得了一个像这样的铜制加速腔。

> 这些退役的器物被储存起来，落着灰尘，静静地放在后面的架子上或实验室附近的储藏柜里。偶尔，看门人、实验室技术人员、退休教授或其他存放者会将过时的设备聚集到专门指定的空间，常常是那些没有价值的地下室。存放的器物仍然处于临界状态，不稳定地介于实验室的生机和垃圾填埋场或废金属回收厂的死亡之间。[18]

这位精明的科学策展人专注于那些已经旧得足够过时但还没有旧到可以收藏的物件。

最好的方法是积极主动地与想要收集设备的设计者和使用者交朋友。葡萄牙的大学策展人中最资深的玛尔塔·洛伦索（Marta Lourenço）建议说："我们需要积极一点，去制造科学的'发电机'那里，也就是实验室、工厂、大学，并进行'实地收集'，而不是被动地等待下一笔捐赠的到来。"[19] 伦敦科学博物馆的罗伯特·巴德通过个人关系联系了哈佛大学开发肿瘤鼠的研究人员，并邀请他们来到伦敦科学博物馆，通过对话选择了合适的老鼠个体，并最终获得了赠予。我在苏格兰期间的一个最有趣的经历是参观了爱丁堡大学的极端条件科学研究中心（Centre for Science at Extreme Conditions），观看了他们的火星模拟器，我们对它非常关注。尽管它实际上看起来很像一个加大功率的微波炉，但它很令人喜欢，我们表示当他们不再需要它的时候，我们有兴趣收藏它。就像戴维·潘特罗尼处理手术蓝盒的方法一样，这是一种“便利贴”式的收集：在有趣的器物仍在工作期间将它们识别出来，并在其被更换后立即通过捐赠方式获得。

当我们参观火星模拟器时，需要依赖于天体生物学家的热情招待，就像物理学家帮助戴维、遗传学家帮助罗伯特和石油专业人员帮助埃尔莎一样。收集是一项协作活动，尤其是实地考察：科学家是科学策展人的源头群体。与医生、患者、设计者和技术使用者一样，他们也可以成为藏品的重要来源，但更棒的是，他们可以提供器物的故事。例如，伦敦科学博物馆策展人与国际天文学联合会合作，收集代表国际天文年的材料，并与喀麦隆的电话销售人员合作，为他们的通信展厅“信息时代”（Information Age）收集材料（图 43）。[20] 重要的是要记住策展人只是这个过程的一部分。

如果说谦逊有帮助，那么冰冷的现金也会有帮助。1662 年，第二任金卡丁伯爵亚历山大・布鲁斯（Alexander Bruce）设计了一种能够精确计时的装置，可以用于确定海上经度（这是确保海上旅行安全和准确的关键因素）。他委托荷兰仪器制造工匠塞韦林・奥斯特维克（Severyn Oosterwijck）进行制造（图 44）。最终造出一个改装版本的单摆钟，其摆钟原型是奥斯特维克的同胞、数学家和天文学家克里斯蒂安・惠更斯（Christiaan Huygens）刚刚发明的。经过海上试航（与海盗擦肩而过），这一尝试最终失败了，这个问题要再过一个世纪才被英国钟表匠约翰・哈里森（John Harrison）解决。布鲁斯－奥斯特维克时钟随后从历史记录

图 43　1997—2012 年，在喀麦隆巴门达市使用的带有广告标志的手机电话亭，为伦敦科学博物馆所有，放在“信息时代”的展览中。

图 44　苏格兰国家博物馆集团的一次异常奢侈的购买：布鲁斯－奥斯特维克经度摆钟，为人类用特制机械计时器确定海上经度的首次尝试，塞韦林·奥斯特维克在 1662 年为海牙的金卡丁伯爵亚历山大·布鲁斯制造机芯。原件的机械装置——昂贵的部分——处于中间位置。

中消失了300年，而后又重新出现在一位经销商的收藏品中，该经销商曾认为它是一只（精致的）座钟。的确如此，但其原始功能被遗忘了。

这种仪器最终只流传下来两只。它的重要性开始再次显现，这仅存的两只钟当中的一只，在21世纪初进入市场。在经历了几次失败后，2018年，苏格兰国家博物馆集团的策展人塔西·菲利普森从一位私人收藏家那里购买了这只钟。她得到了博物馆登记员（他们在法律和后勤方面努力工作）和文物修复师（他们评估潜在收购的实际情况）的帮助，虽然科学收藏的资金很少，但她获得了英国国家遗产纪念基金（英国公共博物馆可以申请的一笔资金，用来购买藏品），甚至是艺术基金的支持，尽管钟的外表实在过于朴素。它提供了苏格兰—荷兰合作的显著证据，将严肃的加尔文主义审美与荷兰的黄金时代融合在一起。这只钟以8万英镑的总价格被收入藏品中：这是一笔相当大的金额，大约是惠普尔科学史博物馆在同一时间购买的潮汐计算器价格的8倍。

从另一个角度来看，这只钟可能被认为是捡漏买到的，因为它曾一度被估值为当时购买价的5倍。即便如此，与高端艺术品市场的价格相比，这虚高的成本也相形见绌。数百万英镑的拍卖会很有新闻价值：10年前，伦敦和爱丁堡的国家美术馆以9500万英镑的总价格收购了提香（Titian）的《戴安娜与阿克泰翁》和《戴安娜和卡利斯托》（均为1556—1559年所画）。从拍卖中购买可能是最引人注目的收藏方式，但这对于科学策展人来说却相对罕见，更常见的方式是他们从经销商、制造商、商店甚至网店购买小额物品。加拿大国立科技博物馆团体的工作人员以更常见的规模购买了“记忆在厨房中制造”（Memories Are Made in the Kitchen）展览的一部分展品（图 45）。安娜·阿达梅克（Anna Adamek）和其他策展人通过众包征集的方式向博物馆成员、社交媒体和国家媒体征求了与当代加拿大厨房设备相关的建议，促成了约 170 条提议。然后，策展人选择了他们认为最重要、最具代表性的 8 种藏品，包括一台特定品牌的咖啡机和一个电动红酒开瓶器。他们从高街商店和在线零售商那里购买这些藏品，并将购买行为记录下来作为购得物的一部分：

> 所有原始包装和交易资料，如电器附带的说明书和商品目录，都被纳入了藏品中。每个电器的价格被记录，采购订单、发票和门店收据被有序保存以记录家用厨房设备的来源、商店的名称和地址、购买日期和时间以及支付的税款。他们希望这些文档能够让未来的研究人员更好地了解消费者在展示和销售过程中的体验。[21]

总计花费了 1075.92 加元。

然而，赠予比购买要更为常见。博物馆收到了源源不断的主动捐赠提议，从印刷机到报废的笔记本电脑。据统计，大多数捐

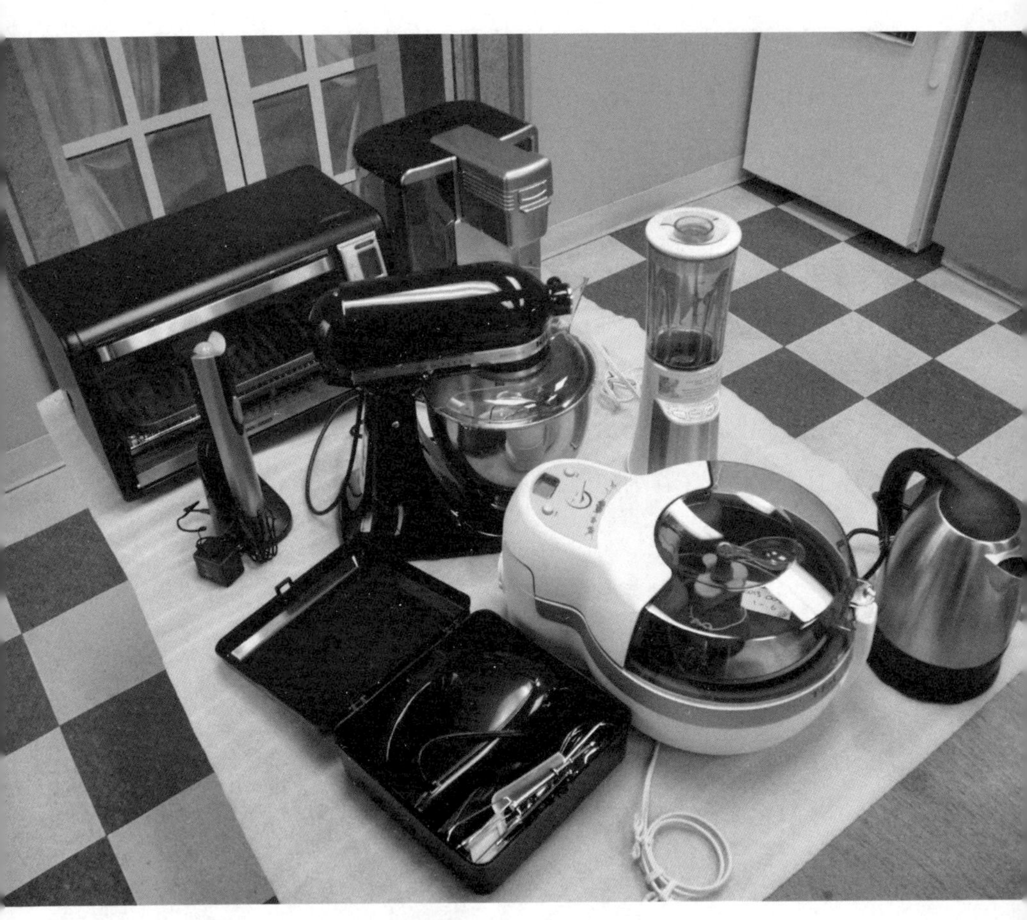

图 45　众包征集：为加拿大科技博物馆购买的厨房用具。

赠的物品都是未经请求的，但偶尔也源于一些策展人希望培养的关系，或者在某些场合，他们会主动要求去购买特定物品，比如新冠肺炎大流行刺激下的收集活动。2020 年春季，博物馆纷纷关闭，其中一些更是自“二战”以来首次关闭。大多数策展人转为在家工作，或准备“短期停薪休假”的生活（英国政府通过这种方式支持那些员工无法工作的组织）。在共同经历这场疫情之后，许多组织看到了收集病毒影响下的数字资料、视觉资料和物质文化的机会和重要性，尤其是那些具有社会历史类、医学类收藏品的组织。国立美国历史博物馆涵盖了上述两个方面，因此它成立了一个快速反应收集特别小组，以“记录科学和医学事件，以及在商业、工作、政治和文化领域的影响和反应”。像许多博物馆一样，该馆在关闭期间无法接收物品，但工作人员要求潜在的捐赠者保留这些物品直到危机过去。与此同时，从“手写的购物清单和患者来信，到个人防护设备、检测试剂盒和呼吸机”，以及口述历史和其他数字实体，大量的主动捐赠提议涌来。[22] 这种公众征集的方式并不新鲜，但这种方式有着特殊的共鸣和相关性。策展人是积极主动并有选择性的；许多其他工作人员则建立了门户网站，邀请潜在的捐赠者提交他们的想法、物品描述和记忆。

这样的征集促使个人为特定项目提供捐赠品，其他从组织和团体中获得的物品则如涓涓细流，润物无声。肿瘤鼠和飞行时间串联质谱仪都是大学赠送给博物馆的；同样，爱丁堡大学在其错综复杂的历史中多次将重要的物品移送到苏格兰国家博物馆集团及其前身机构。苏格兰国家博物馆集团的成立基础之一是所谓的“普莱费尔藏品”，由第一任馆长乔治·威尔逊的朋友、化学教授莱昂·普莱费尔捐赠。这一系列藏品的亮点是著名化学家约瑟夫·布莱克（Joseph Black）使用的玻璃器皿（图 46），但从那时起，与该系列有着不可磨灭的联系的是普莱费尔。[23]

无论是来自机构还是个人，无论是考虑主动捐赠还是寻求索取捐赠品，都值得我们思考一下为什么有人可能会向博物馆提供

图 46　约瑟夫·布莱克在 1766—1799 年使用的玻璃曲颈瓶，由利斯的阿奇博尔德·格迪斯制造。19 世纪 50 年代，部分“普莱费尔藏品”从爱丁堡大学移送到苏格兰工业博物馆。

器物，尤其是当物品具有相当大价值的时候。诚然，许多人的动机是真诚地希望做好事，为子孙后代保留一些有趣的事物，去教育或娱乐现在和未来的博物馆参观者。就与新冠肺炎相关的捐赠品而言，纪念共同经历的急切愿望显然非常强烈。或者捐赠者想要建立一项遗产，通常不是为了他们自己，而是为了某位先辈（就像普莱费尔为了布莱克）、某家机构或某份职业。

没那么无私的动机可能也在起作用，这不是什么秘密。捐赠给博物馆可能只是清理阁楼或实验室空间的一种方式。这可能也来自商业需求：对于一家公司来说，有什么方式会比向成千上万的观众展示还能更好地来推广一项发明或产品呢？（在任何情况下，正如我们将在下一章中发现的那样，捐赠者往往会失望地获悉，绝大多数物品都不会被展出。）向博物馆捐赠是一种吸引眼球的行为，给捐赠者带来声誉，并通过标签和目录将他们与物品联系起来，直到永远。正如博物馆学家苏珊·皮尔斯（Susan Pearce）所说，“向博物馆免费提供素材是一种值得称赞的行为，因为它传递了那些著名的不朽经典……博物馆藏品中有很大一部分是通过免费捐赠获得的”。[24] 正如一篇关于博物馆捐赠的戏仿作品所写的那样：

> 这是我的愿望，这是我的荣耀，
> 来装饰你的小摆设柜，
> 我只求你展示它们的时候，

会告诉朋友们谁为你提供了它们。[25]

为了接受捐赠品，策展人讨好捐赠者，并表现得十分感激。然后，博物馆将永久支付维护和储存费用：捐赠品不是免费的，尤其是一些上规模的技术类器物。

如果物品不是赠予的，而是借出的，这就更加复杂了。除了在所有者和为展览提供内容的博物馆之间流通的物品外，博物馆中还有许多仍然属于其他人的物品。苏格兰国家博物馆集团最著名的藏品（除了克隆羊多莉的遗骸）——巨大的协和式飞机，实际上也是从英国航空公司借来的。借出的期限可能特别长：令人惊叹的乔治三世科学仪器藏品（图 47），在他统治的早期委托仪器制造工匠乔治·亚当斯（George Adams）制造，实际上是借出的。19 世纪 40 年代，维多利亚女王将这些承载着她祖父的骄傲和喜悦的仪器交给了伦敦国王学院（这似乎是合适的），国王学院又于 1927 年将其借给了伦敦科学博物馆。从那以后，它一直是那里仪器收藏皇冠上的宝石，是一本华丽目录的主题；一些物品组成“科学与辉煌”（Science and Splendour）展览环游世界，其他物品则在“科学城”（Science City）展厅展出，我们将在下一章对此进行探索。[26] 规模更大的是亨利·威康的医疗藏品，由威康信托基金会（管理其巨额遗产的机构）借出。信托基金会有自己的博物馆——威康收藏馆（Wellcome Collection），但事实上，它还拥有伦敦科学博物馆整整四分之一的馆藏（不可否认，鉴于这些藏品没有任何地方可放，不太可能在短时间内收回）。

收集数字藏品

无论是借用还是自己拥有，许多科学博物馆都不太可能再次吸收像威康规模的大量物品。但它们也可以通过其他途径增加馆藏。

2011 年，科技初创公司布鲁姆（Bloom）推出了“行星播放器”（Planetary），这是一款应用程序，用天文术语将用户的数字音乐收藏可视化（艺术家是恒星，专辑是行星等）。它可能没有改变数字世界，但确实预示着一种悄然的创新，两年后，库珀-休伊特史密森尼设计博物馆（Cooper-Hewitt Museum，史密森尼学会的一部分）获得了其背后的代码。当时的策展人评论道：“保护大型、复杂和相互依存的系统……是一个未知的领域。而当这些系统的唯一表现形式是概念性的时候——比如交互设计或服务设计——则更为困难。”[27] 他们毫不气馁地将软件视为国家动物园中的动物：他们在博物馆数字空间的温和环境中，而不是在网络上的荒野中照顾它。他们还打印了一份代码副本，以防万一（他们不再这么做了）。

收集软件仍然是一项挑战。一些博物馆做得很好：在位于硅谷中心的计算机历史博物馆（Computer History Museum）的 14 万个藏品的目录中，有 1.6 万多个软件实例（它们在收集相

图 47　韩国国立中央科学馆（National Science Museum of Korea）展示的乔治三世藏品中的精美仪器，该展览为伦敦科学博物馆举办的“科学与辉煌”巡回展。

关用具方面也处于世界领先地位，如穿孔卡片和打印机）。在伦敦科学博物馆的抗生素展览“超级细菌：为我们的生命而战”（Superbugs：The Fight for Our Lives）中，医学策展人塞利娜·赫尔利（Selina Hurley）想要一些材料来代表科学家如何测量抗生素在猪身上的功效（这些数据随后可以用来解决人类对抗菌剂的耐药性问题）。[28] 因此，她收集了荷兰凡科姆公司于 2011 年推出的“猪咳嗽监测仪”（图 48）。但是只收集话筒和硬件是不够的，促成这项研究的是编译庞大数据库的算法和分析数据的软件。于是她获得了这些，还有随附的手册。

然而，收集数字实体的行为往往很笨拙。像许多策展人的后代一样，我的儿子在很小的时候就开始接触博物馆。当我的同事艾莉森·托布曼（Alison Taubman）提到她将在苏格兰邓迪市开发的电子游戏《侠盗猎车手》纳入展厅“苏格兰：一个变化中的地区”（Scotland：A Changing Nation）的时候，我儿子年轻的耳朵活跃了起来。经过一番搜索，我们在展览中发现了它。这时，他的渴望变成了失望，接着是怀疑。不像他先前所希望的那样，这个游戏是不能体验的，而只是简单地用游戏盒子里的光盘来表现。尽管这个游戏盒子是“我儿子（一生中）最大的失望”，但它在吸引人们注意收集数字物品所带来的挑战方面确实发挥了有益的作用。就像陈列柜里的乐器一样，博物馆收藏了这个游戏，但随后又让它安静了下来。如果史密森尼学会为数字动物园捕获了行星播放器，那么苏格兰国家博物馆集团则追捕到了《侠盗猎

图 48　伦敦科学博物馆“超级细菌：为我们的生命而战”中展出的猪咳嗽监测仪。

车手》，并在展示柜中制成标本。

尽管档案馆寻求保存电子数据，但科学策展人对生成和围绕它们的工具和结构很感兴趣，自 20 世纪 80 年代以来，他们一直在就不同的方法争论不休。科学博物馆从来都不擅长收集有时间限制的介质，例如，博物馆收集电话，但不收集它们曾经传输的谈话。同样，博物馆收集提供通信和其他实践的数字工具，即使不是通信本身的存档。那么，如何在“算法时代”收集科学技术呢？[29]

以上问题中的现象被称为“原生数字”：在屏幕上成形或隐藏在计算机程序后端的实体，由结构或模式调节的数据和元数据组成。[30] 这样的实体与所有博物馆相关，比如在艺术和设计博物馆中，维多利亚和阿尔伯特博物馆通过收购数字艺术品在这一领域处于领先地位。但对于科技博物馆来说，它们有双重需求。数字实体之所以重要，不仅因为博物馆参观者对随时间变化的技术的发展和使用感兴趣，而且因为当代科学在很大程度上依赖于信息技术。虽然电子游戏和表情包作为文化记录而被收集有着显著的重要性，但技术藏品的保管人还需要考虑超越个人用途的原生数字藏品，考虑从工程到军事等其他领域的算法和软件。[31] 软件和数据库与显微镜和试管一样是科学事业的工具。

这可能看起来让人望而却步，但策展人并不畏惧。收集原生数字藏品有其独特的挑战，但其他藏品的获取也是如此。的确，有大量的物品可供选择，但正如我们之前发现的那样，实体的物品也是如此。的确，它需要资源和高级技能，但其他类型藏品的收集也需要。的确，像早期软件这样的历史实体需要对原始硬件或其他复杂的模拟进行昂贵的维护，但存储和维护蒸汽机和粒子加速器也很昂贵和困难。的确，存在着一些棘手的知识产权问题，但博物馆一直在努力解决这些问题。

因此，与其将博物馆工作中这一新兴部分作为例外，还不如将其融入策展人的实践中。将软件和硬件结合在一起收集，就像伦敦科学博物馆的猪咳嗽监测仪一样，是今后采取的策略。没有软件的硬件是死气沉沉的；没有硬件的软件也将陷入僵局。每个收集行为也是一种多媒体练习，包括每件物品和其相关信息（文本和图像）。尽管在这里我把收集数字藏品单独分为一类，但策展人需要摆脱这种习惯。在收集其他介质附带的数字信息和物品时，科学藏品最好朝着数字博物馆学家罗斯・帕里（Ross Parry）和其他人倡导的“后数字”（post-digital）方法发展，从而将这些介质整合到博物馆工作的其他元素中。[32]

处理藏品

本章还有一件事情需要讨论，因为正如古根海姆博物馆（Guggenheim Museum）馆长托马斯・梅塞尔（Thomas Messer）曾说的那样，“像任何人一样，没有一个博物馆能够持续地摄取而不偶尔排泄”。[33] 如果博物馆无止境地进行收集，即使是以上文概述的更适度的程度，它们最终也会填满它们可能拥有的任何建筑（甚至是我们将在下一章中遇到的巨大机库）。因此，博物馆有时确实通过（委婉地）“处理”，（反语法）“去增长”或（更残酷地）“清除”来摆脱掉一些物品。[34] 对此的植物学隐喻层出不穷：一些人会用“修剪”；而我更喜欢“除杂”。但这很少涉及实际销毁，而是通过反转上述收购路线，将收藏中的物品转移到一个好的去处，从而消除多余或失效的物品。

处理并非新鲜事。早在 1913 年，当藏品中的大多数物品都在展出而不是被存放时，伦敦科学博物馆就有一个委员会来评估被认为不必要展出的物品；在 20 世纪 20 年代伦敦科学博物馆获得的 1.434 万件物品中，4637 件已经按照严格的自我规定的标准清除（或归还）。[35] 在苏格兰国家博物馆集团科技部门新增藏品的所有物品中，近三分之一因为某种原因被处理。[36] 位于格林尼治的英国国家海事博物馆（National Maritime Museum）在其被优雅地称为“藏品改革计划”中，大规模地解决了这一问题，主要通过将藏品分散到其他海事博物馆。[37] 例如，桨轮蒸汽拖船“信赖号”的左舷发动机超出了格林尼治的标准，但马卡姆格兰奇蒸汽博物馆（Markham Grange Steam Museum）很乐意地接受了它，以便定期为爱好者“在蒸汽下”（实际上是电力）运行展示。让我们把目光转回苏格兰，一个由工业博物馆组成的专家小组评估了他们的工具收藏品，并通过“Workaid”和“Tools for Self Reliance”这两家慈善机构向坦桑尼亚和塞拉利昂的工匠赠送了复制品。[38]

在大西洋彼岸，清理是藏品管理工作的一个更为综合的部分，而售卖也更被人们接受。美国国家航空航天博物馆保存了一份可能的转让清单，以便与其他博物馆交换。当我最近一次查看时，清单上有 242 件物品，包括导弹头锥、65 个降落伞和一个 3.5 米长的容克斯尤莫涡轮喷气发动机。[39] 底特律附近的亨利·福特创新博物馆（Henry Ford Museum of Innovation）在 2000—2002 年售出了 2.85 万件复制品，并用这些资金购买了更多的藏品。在渥太华，作为新收藏中心所需的藏品重组的一部分，加拿大国立科技博物馆团体在一个“藏品合理化项目”中对其藏品的一部分进行了处理，首先是向加拿大其他博物馆提供，然后进行销售。[40] 就像搬家一样，藏品的重新安置也是一个处理物品的好时机。

清理是一项艰苦的工作，一位策展人认为这项工作“十分繁重”。具有讽刺意味的是，相比于藏品中的其他物品，策展人最终往往更了解被处理的物品，因为在藏品被转出之前，需要仔细对其进行背景研究。[41] 这是清理的悖论。尽管如此，博物馆新增的物品还是远远超过了处理的物品，这是一种不可持续的情况，我们将在下一章中看到。但如果能做得好的话，处理是科学收藏的关键，事实上，博物馆在道德上也必须这么做。只有进行可持续的收集，科学博物馆才能生存和繁荣：积极清除多余的藏品，并获得更少、更具影响力的物品以及与它们交织的故事。

收集故事

伴随着到来和离开，科学器物塑造了科学藏品。尽管后续章节中列出了其他活动，但收藏是博物馆工作的核心。因此，重要的是，这一过程的机制要清晰明确，对于读者来说很重要，对于所有对博物馆感兴趣的人来说也很重要，对于受益于公共资金的藏品尤为重要。科学策展人的收集方式与其他类别的策展人不同，与他们的前任不同，毫无疑问，与他们的后继者也不同。他们可能不再有宏大的百科全书般的雄心壮志，但在从大量可用的物品中选择少量物品时，会带有一丝傲慢。因为这些物品、文字、图像和数字实体将在未来的几个世纪作为当今时代的代表呈现出来。

认为意外发现和运气在藏品发展中继续发挥作用是一个使人惭愧的想法。那么，发现策展人没有（或者至少不应该）在脱离实际中操作，可能会让人放心。科学家们已经对什么是重要的做出了判断，而其他形式的咨询影响了收集选择。此外，博物馆制定了藏品开发策略，即利用这些要素，集中精力打造藏品的优势。“馆藏发展”是一个优雅的综合术语，用于收集和清理藏品，且具有良好的前瞻性导向。策略明确了收藏品的区域、主题和时间范围，但仍要保持足够的广度，以便在机会来临时采取行动，比如当一个重要的经度时钟正要被拍卖，或发电站即将被拆除时。收集很少是填补空白的练习，而是一种选择上和策略上的努力，以加强对科学技术物质文化的部分选择。请允许我用一个地理隐喻：科学藏品不是一片陆地，等着策展人去填补其中的湖泊，而是要在溪流中建造的小岛。

既然还有很多其他的记录和体验科学的方式——电视、书籍、网络——为什么还要继续收集实体馆藏？这不仅是为了所获得器物的有形品质（或者数字藏品的无形品质），更是为了这些器物所经历的生活，它们的来源。一个不错的馆藏发展策略包括“藏品中蕴含的有着创意和人性的令人惊讶的故事”。[42] 策展人的收集并不是为了扩大已经很庞大的藏品规模本身，而是为了收集这些故事。

以我们在本章开始时提到的肿瘤鼠为例，这两只微小的哺乳动物概括了科学藏品。它们是伦敦科学博物馆围绕生物技术广泛收藏的物质表现。它们是大型全球性企业的拙劣产品，是研究、知识产权和对实验室工作道德挑战的有力代表。它们是正在进行的项目中的一个环节，表明科学是一项尚未完成的事业。就它们本身而言，似乎很常见，只是在博物馆藏品和实验室中使用的大量啮齿动物中的两只，但它们体内的基因是复杂的。有了这两只平凡的小东西，博物馆可以让观众了解到影响深远的事物，比如癌症治疗方法研究的历史。

类似的还有飞行时间串联质谱仪，也体现了物理学历史上所有即兴发挥的、人类的荣耀，并使概念变得有形。正如策展人戴维·潘特罗尼所表达的那样，“收集物理学的美妙之处在于，时间和空间等最抽象的变量变得具体化、局部性和可被感知”。[43] 实体的黑匣子帮助参观者打开“科学的黑匣子”：它的工具和器物揭示了它的进程。这些故事表明，科学是杂乱的、偶然的、与人相关的和社会性的。收集的器物让我们能够讲述关于概念和系统的故事，但最重要的是，这些器物告诉我们关于人的故事。有些是巨大的科学成就，有些则是关于科学家、医生和这些设备的使用者的日常生活。藏品中的每一件器物在进入馆藏的过程中都会产生各种关系，并在博物馆“后来的岁月”里继续积累意义，因为不同的人处理、书写和体验了它——存放中和展出中的藏品都是如此，正如我们将在下一章中看到的那样。在每一次收购中，每一代策展人都为藏品奠定了又一层基石，增加了一个新故事，同时也为未来的策展人和历史学家撰写更多的故事埋下了种子。戴维认为：“当我收集一件器物时，由于其材料、花纹、设计、改动、美学、制作痕迹、象征意义、出处的三维复杂性，使得每件器物存在巨大的潜力去发掘几十个故事。”这让他得出结论，“收藏不是一个历史进程的完结，而是下一个的开始”。[44]

策展人收集故事并不是本章揭示的科学博物馆实践的唯一要素。除了重新强调科学藏品中的人文因素外，我们还探索了藏品到达的不同路径，每一件都是经由科学家、医生、经销商、程序员和其他人组成的网络传送：从顺利完成的实地考察中带回的工具包，慷慨捐赠者赠送的仪器，在拍卖中购买的时钟，通过数据存储设备获得的算法。我们发现，科学策展人的“领域场所”既不是丛林，也不是挖掘点，而是工厂、发电站、医院和实验室。我们发现收集是有偏好的，而不是百科全书式的。最后，我们讲到清理馆藏的实践，这提醒我们，物质文化的流动是双向的：收藏品是动态的实体，它们的名声随着时代的过去而被掩盖。正如我们现在将要发现的那样，这一行为不仅体现在展览中，而且体现在幕后的庞大仓库里。

第三章

库房里的珍宝

图 11 中的打字机可能看起来很奇怪，不同于你所知道的任何一台。然而，即使你是一个数字原住民，你也可能在时髦咖啡馆的墙上或电影中充满烟雾的房间里看到过这样让人着迷的装置。这是一台“索引”打字机的样品，是我正在使用的全键盘的手下败将之一。索引打字机的使用者可以通过移动指示针，在索引板上一次选出一个字母，然后按两个仅有的按键中的一个，另一个按键就会插入一个空格。这在当时是一种非常流行的设计。尽管索引打字机的时代正在衰落，但仅米尼翁型打字机就制造了超过 35 万台。图 11 中的这台是米尼翁 3 型，由通用电气公司于 1914 年或 1915 年在柏林制造。这台机器由英国的伦敦电气公司于 1916 年被解体之前提供，并出售给爱丁堡工人运动领袖弗兰克·史密西斯（Frank Smithies）。[1] 它后来到了布朗利父子手表制造商那里，并在 1970 年被他们捐赠给苏格兰皇家博物馆。现在，它与 1900 年代（打字机技术尚不成熟）生产的 60 台其他打字机以及数十台办公设备一起被收藏于苏格兰国家博物馆集团的技术藏品部门。

然而，米尼翁3型通常不会展出，而是被安置在格兰顿的一个博物馆之外的收藏设施中。米尼翁3型是此类安静空间中数以百万计的物品中的一件，工作人员和研究人员在这里照看它们，并了解更多关于它们的信息。为了既认识人又认识物品，在这里我们将继续上一章的幕后之旅，揭示隐藏在其中的秘密和类似的仓库设施。除了格兰顿的设施外，我们还将探索其他博物馆的仓库，以了解那里保存了什么，如何照看以及如何使用它们。在我们的访问中，我们将遇到其他研究人员、文物修复师，尤其是收藏品管理员。最重要的是，我们将遇到许多器物，从一台巨大的蒸汽挖掘机到一个精致的扭秤。它们是位于可见的冰山表面下的隐藏部分，随着我们的探索，我们将了解这些人在这些异常活跃的地方对这些器物做了什么。

保存藏品

科学收藏设施是非凡的空间。在一座不起眼的建筑中，苏格兰国家博物馆集团的主要技术区域——出于安全考虑，我们将其称为“F楼”——储藏着巨大的科学仪器和工业发动机。如此巨大、魅力四射的机器往往是最先吸引参观者眼球的。尽管我参观了20年的博物馆储藏室，但第一次参观F楼时仍感到惊讶。我怀着敬畏之心凝视着那些赫然耸立的巨大机器；我尤其被其中最高的物体——一台蒸汽挖掘机——所吸引（图49）。它是藏品中较大

图 49　沉睡的巨人：1926 年由位于林肯郡的工程公司拉斯顿－霍恩斯比制造的蒸汽挖掘机，1958 年之前一直用于修筑道路（包括从爱丁堡到格拉斯哥的 A8 公路）。这台挖掘机后来被放置在一个仓库中，直到 1984 年被博物馆收购。它被拆解后装在大型拖车上，在最大的储藏室里艰难地“复活”了，它的尖端碰到了其所在的苏格兰国家博物馆集团收藏中心的房椽。它高 6 米，宽 8 米，重 25 吨。

的器物之一；我们需要把大楼的墙拆下来才能把它搬出来。这是一个让人感到陌生的器物，但它奇特而绝妙。“绝妙”“很棒”甚至“神奇”，确实是对科技仓库的常见反应。[2] 然而，尽管现在可以在网上和印刷品上获得更多关于馆藏的信息，但对大多数人来说，了解到有多少博物馆藏品没有被展出仍然会感到惊讶。

当我们考虑到所涉及物品的惊人数量时，就会发现对这些设施的需求是有道理的。英国目前没有关于整体情况的最新数据，但似乎博物馆的 2 亿多件实物中，约有 700 万件可能被归类为科学、工业、交通运输或医学（自然历史和考古学占全国统计的大部分，但其中大多数物品都很小）。在美国的博物馆里，这类物品的数量大致相同，尽管全国的总数要大得多，为 5 亿到 10 亿件。[3] 单个博物馆的科技收藏品往往有数万件：米兰的列奥纳多·达·芬奇科技博物馆有 1.8 万件藏品；格拉斯哥博物馆（Glasgow Museums）拥有 2.1 万件交通运输和技术类物品；费城的富兰克林研究所有 4.3 万件藏品；苏格兰国家博物馆集团的科技藏品多达 8 万件，具体数字要取决于藏品如何计算。其中还包含少量非常巨大的藏品。首先，在这些庞然大物中，伦敦科学博物馆只展出了 42.5 万件文物中的 1.2 万件；当最后一次完全开放时，德意志博物馆展出了高达 2.8 万件藏品，超过其藏品的四分之一；莫斯科工业技术博物馆的藏品总数超过 22.9 万件。考虑到清点藏品数量是十分困难的事，这些数字永远不会精确。牛津科学史博物馆的约翰·本杰明·丹瑟（John Benjamin Dancer）制造的一台复合显微镜，如果将其组成部分和配件计算在内的话，则包括 350 件物品（图 50）。正如我们在探索过程中发现的那样，二维物品的数量是器物的数倍（当包括纸张、照片和其他平面物品时，科学博物馆集团的藏品数量超过 730 万件）。

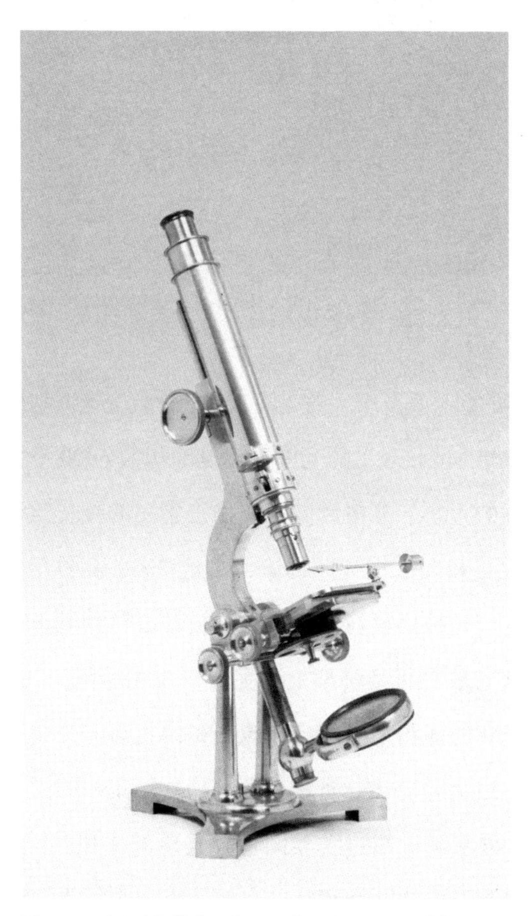

图 50　一台复合显微镜，约 1860 年，由曼彻斯特的约翰·本杰明·丹瑟制造。这种优雅的仪器由数百个零件组成。

图 51　科学博物馆集团国家收藏中心的 1 号大楼效果图，位于威尔特郡沃顿。

如此多的藏品需要很大的空间。比如伦敦交通博物馆（London Transportation Museum）的仓库，建筑面积为 6000 平方米，约为一个足球场的大小。苏格兰国家博物馆集团的科技类藏品仓库遍布其收藏中心和国家飞行博物馆，占地 7000 多平方米。但这并没有考虑它们是被摆放在橱柜里还是被堆叠存放的，也没有考虑它们是否被安放在重型货架上，更没有考虑房间的高度。（科学策展人以绝对的体积来衡量：格拉斯哥博物馆的交通运输和技术类藏品占 2.55 万立方米，苏格兰国家博物馆集团的同类藏品相当于 3.3 万立方米——超过 5 架固特异飞艇的体积。）科学博物馆集团和史密森尼学会同类藏品的存储地点的面积要大得多，二者都在 5 万平方米左右。前者的主建筑物是位于国家收藏中心内的

崭新的1号大楼，这块地方曾是威尔特郡的一个机场，位于伦敦科学博物馆以西130公里。1号大楼占地面积为2万平方米，附带有一层7000平方米的夹层（图51），以及超过1000平方米的关键支持空间——用于学习、文物保护、摄影和放置危险品的区域，而且所有这些区域都有令人羡慕的“功能性衔接”。[4] 另一个闪亮的新设施是在渥太华建造的3.6万平方米的巨型“加拿大国立科技博物馆团体中心”（图52），用于放置隔壁加拿大科技博物馆的8.5万件藏品中的90%，及其姊妹馆航空和农业博物馆的藏品，包括12辆机车、177辆小汽车和190辆自行车。与英国的国家收藏中心一样，该中心还将容纳200万件二维物品，并拥有研究设施，包括一个研究所和一个数字创新实验室。[5]

图 52　加拿大国立科技博物馆团体中心，存有加拿大科学与创新博物馆（Canada’s Museums of Science and Innovation）的大部分藏品。

很少有组织有幸拥有这样的大型新设施。大多数博物馆在它们力所能及的范围内寻找空间，在地下室和偏僻的地方，在沿着管道铺设的走廊，或者在场馆外重新利用的仓库里。但无论是临时的还是专门设置的，它们很少再被正式地称为“仓库”。史密森尼学会拥有庞大的博物馆支持中心，并通常使用中性术语称之为“收藏空间”。巴黎工艺博物馆位于圣丹尼斯郊区的专门设立的收藏设施被简单地称为“储藏”。格拉斯哥有一个带“分隔舱”的博物馆资源中心，而在开尔文大厅的新设施可以被冠以除了“博物馆仓库”之外的任何名称。这座巨大的前世博会大楼已被改建，用于存放亨特博物馆（Hunterian Museum，格拉斯哥大学的博物馆）的研究藏品、苏格兰国家图书馆的影片资料，还包括一个设备齐全的健身房。这些都成了活跃的多功能场所。

我们需要接受“仓库”仍然是一种简略的表达方式，让我们回到苏格兰，回到F大楼的仓库。这些宝藏的“守护者”具有高度的安全意识，访问它们并不容易。F大楼于1996年竣工，位于一处战后训练设施的旧址上，该设施于20世纪70年代转变为博物馆储藏之用，周边还有一些原始的预制建筑。出入口受到严格的监管，大多数仓库都会设有一个人员通行点，并配备专门的安保人员仔细记录所有访客。访客会在预先安排的时间进入，并需要提供身份证明。

在格兰顿，就像在纺织工区一样，参观者会由一位当地博物馆的收藏品管理员来接待。这可能是他们的正式职务，也可能是策展人职责的一部分。不管怎样，他们都非常认真地承担起照管藏品的责任，并引以为傲。进入博物馆的收藏品设施时，他们通常会为不整洁等问题进行道歉。一旦进去了，道歉就是多余的了。在F大楼的大型储藏间中，经过蒸汽挖掘机后遇到的是固定的蒸汽机、一台发电机、一个用于追踪亚原子粒子的巨大气泡室和来自默奇森石油平台的火炬尖。也许最引人注目的是6米高的托德角灯塔的灯具，它被精心改造过，不仅为了重现它的美丽，而且因为重新组装减少了曾存放它的板条箱的印迹。[6]

首先我们进入了一个让人联想到电影《夺宝奇兵》最后一幕的空间，在这个场景中，与电影中的“法柜”同名的柜子被推入一条不知名的过道，两侧是一个又一个的板条箱——这是一个隐藏的视觉隐喻。板条箱是储存和保护较大器物的一种方法（图53）。往这些巨大的箱子里瞥一眼是值得的。在F大楼，我们注意到一个大板条箱的盖子被临时取下，以便研究人员使用，所以当我们扫一眼时，映入眼帘的是一艘3米长的蒸汽动力战舰“可怖号”模型，虽然这艘模型船是按照1：64的比例做成的，但也令人印象深刻。模型船是交通运输类博物馆的支柱，鉴于其尺寸和脆弱性，它们通常被存放在板条箱中。

然而，大多数藏品是较小的，它们的储存也会被相应地做出安排。因为不再需要巨大的地板负荷，它们可以被放在楼上，这样我们也可以上楼参观。天花板较低，藏品被放在排列整齐的货架上（图54）。我们可以非常接近储藏室里的器物，比如相机、

图 53　莫斯科工业技术博物馆的大型收藏品设施位于一家大型工厂遗址的上层，图中展示的装箱作业非常规范。

图 54　哈佛大学科学仪器历史收藏馆中陈列架上的器物。它们的照片加装乙烯基保护膜后展示在普特南陈列馆的橱窗中，这样既提供紫外线保护又有一种储藏室的感觉。

计算尺、蒸汽泵模型和显微镜。无声音像藏品包括 20 世纪 50 年代有闪烁图像的电视机、影碟和其他早已被遗忘的储存形式。一个隔间完全用于存放示波器，另一个玻璃橱柜展示了假肢的原型。较扁平和较小的器物放在内衬聚乙烯泡沫（它们是收藏管理员最好的伙伴）的抽屉里；哈佛大学的科学仪器历史收藏馆中完美排列的阀门也是如此。照片、手稿和地图都用透明的聚酯套包裹并被精心排列。

F 大楼让人联想到世界各地的许多专门设置的大型仓库。空间上的相似性包括它们在照片中呈现的样子：架子的尽头有一个遥远的消失点（图 55）。至少对于中型器物来说（图 56），适应性强的钢带货架和 20 世纪实验室设备的灰色美学是很常见的。一些货架下安有滚轴，占用过道来挤出存储空间（尽管这确实会增加地板的负荷）。在其他地方，存储空间被重复利用或改造，例如在富兰克林研究所，收藏品占据了以前的图书馆书架。

大多器物旁边或上面都会有纸质小标签（有些甚至刻在器物上面）。米尼翁 3 型的标签为“T.1970.45”：“T”表示技术，然后是它被加入的年份。这是各种藏品系列的常见做法。器物的博物馆性体现在这个独特的数字上：它在秩序和混乱之间画了一条细线。这些数字与它们在博物馆目录中的条目相对应，通常是一个包含相关信息的文件。博物馆藏品的编号和编目最初被记录在分类账簿上，后来打印在目录卡上，现在又进入了复杂的数字收藏品管理系统，这是一个耗时的、有技术性且永无止境的过程。没

图 55　格拉斯哥开尔文大厅的全新藏品储藏室，图中展示的是黑色塑料“面包盘”，这是一种整洁地存放小物件的便捷方式。这种消失点构图是博物馆储藏室照片的常见特征。

图 56　科学藏品库房中的中型设备，体现了 20 世纪实验室设备的统一颜色——浅灰色。

有数字的藏品是孤独的，一些人正在等候它们。它们构成了收藏管理员最不喜欢的事情：编目积压。这些无证藏品是博物馆部门的一个不太光彩的秘密，尽管它们与自然历史博物馆的积压相比相形见绌，但有上万件物品仍未正式编目，其中甚至包括一些本书提到的著名藏品。

在任何媒介中，目录的一个重要功能都是将物品与相关记录和图像联系起来。在储藏柜和橱柜的架子上，在货架之间的剩余空间里，我们看到了很多这样的记录和图像。这里有一系列拍卖小册子，其中包含了有价值的背景信息；这里还有一堆关于如何获得物品的来往书信。再往前走，我们会发现一批令人惊叹的幻灯片和一些色彩鲜艳的采矿地图。特别是对于技术收藏而言，工程图纸和说明手册非常重要，它们显示了这些静止、安静的仪器在其工作寿命内是如何运行的（图 57）。例如，伴随着其丰富的仪器藏品，科学史研究所（Science History Institute）收藏了 5000 多本手册。在 F 大楼，米尼翁 3 型除了有一个标识史密西斯是其前所有人的行李标签外，还附带了一本说明书。藏品附带的支持性纸张和印刷品，我们可以称之为“文件资料的半影”，它们非常宝贵，却被忽视了。

纸张在收藏设施中还有其他重要作用。印刷品、海报和各种标志装饰着储藏室的货架和墙壁，有些上面印有盒子里面所装物品的图像，另一些上面列出了特定的藏品，还有一些提醒收藏品管理员注意坚硬的滚轴货架。在 F 大楼，我们看到了一些特别

图 57　苏格兰国立博物馆所藏的 1976 年苹果 1 号个人计算机原型机的电脑板。如果没有说明书，它就毫无意义。

生动的警告标签，因为我们遇到了放射性物质仓库。这间隔离的仓库里存放的材料太危险，无法敞开存放，但又太珍贵，不能被清理——科学藏品管理员有幸成为最有可能在口袋里放一个盖革计数器的博物馆专业人员。储藏室也可能有专门的区域存放化学品、爆炸物、枪支、人体遗骸或麻醉品。塑料会变色、弯曲和磨损，甚至可以在“排气”时影响其他物品。石棉被广泛用于耐热和加固，但现在已知它会引起肺部疾病，这成为科学收藏中的一大困扰。对于那些问题最大的物品，需要持有许可证，并接受审查。但其中一些物品所固有的风险仍旧令人震惊：在医学收藏中发现的一些抗菌纱布含有苦味酸，当其干燥时，会在移动中发生爆炸。谢天谢地，在需要引入拆弹小队之前，文物修复师通常会识别风险。风险管理是博物馆专业人员在仓库中所做工作的核心要素。

管理藏品

幸运的是，米尼翁 3 型没有石棉；如果它是最近收藏的，F 大楼的另一类工作人员——文物修复师会为它验明正身。虽然其他学科可能有一个文物保护室或实验室，但科学和技术类文物修复师有一个工作坊。在那里，我们发现了精心维护的机床，用于保持博物馆展厅中按钮式展区运行的电子装置，以及随处可见的各种螺丝刀、锤子、刷子和安全设备。在博物馆行业的其他领域中，有一个共同的假设：仅仅因为科学和技术收藏品看起来很强大，它们就不需要环境控制，也几乎不需要积极的照看。这种态度以及科学藏品的巨大体积，意味着一些藏品被放在了不合适的储存条件下，甚至更糟糕的是放在户外——在那里它们会生锈和分解。恰恰相反，科学藏品确实需要特别照料，由一名专门的骨干人员负责清洁、稳固、维护、保养和修复。

许多预防工作都在工作坊之外进行：控制仓库内的环境，管理温度、光线和相对湿度。但有些物品需要进一步的干预和积极的工作，这是一系列属于“文物保护”范畴的活动。根据博物馆是否希望物品发挥作用或恢复其原始形态，活动可以有不同的目标。无法运转的机器就是无声的和“死”的吗？我们应该让它再次工作吗？我们是否应该设法将其恢复到崭新的样子、被使用时的样子或是刚转移到博物馆时的样子？[7]要回答这些问题就涉及为特定物品选择适当的修复路径。保存就是要将它处理得恰到好处，以阻止它退化，并充分地维护它，使它能够按照我们的要求留存给子孙后代。文物修复师的信条是，修复过程应尽可能是可逆的，并有详尽的记录（图 58）。相比之下，复原涉及将器物恢复到其原始状态。这需要去除后来的添加物，甚至抹去之前文物修复师的努力。如果需要很大比例的新材料、备件等，这可能会将修复转化为重建，通常是为了使器物充分发挥其功能。这可能涉及重建某些零件或对其进行调整，以确保能够安全使用。最后，逻辑上的极端情况是进行完全的复制。

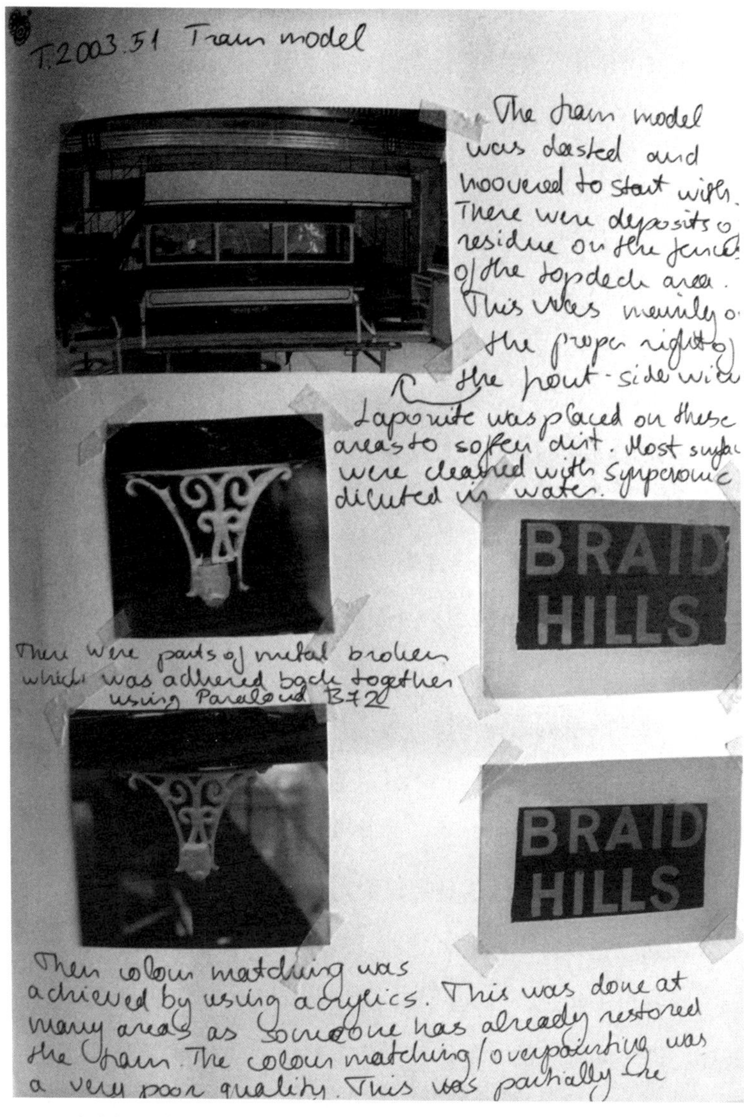

图 58 文物修复师朱莉娅·陶伯（Julia Tauber）的笔记本，上面极其仔细地记录了有轨电车模型的修复过程。

例如，在 F 大楼的工作坊里，我们遇到了莎拉·格里什（Sarah Gerrish），她是一位专门处理木制工艺品和家具的文物修复师，经手的器物包括手推车、飞机机翼，还有钟表。钟表是一种非常特殊且要求苛刻的器物，可以在艺术、设计、社会历史和技术收藏中找到。虽然关于钟表的大部分工作都集中在其复杂的内部运转上（这是其他高度专业的钟表类文物修复师的工作），但莎拉关心的是它们可见的外壳。作为一名文物修复师，她是一名专业的问题解决者，负责拼凑无法识别的碎片并提出临时解决方案。她的工作涵盖补救性修复和主动复原。她的日常工具包括手术刀、镊子、锤子、许多夹子，以及一把被她在一端贴上缓冲垫加以改造的木槌，这样她可以用不同的力度敲击（图 59）。她的工作尤其依赖黏合剂：环氧树脂填充料、木材黏合剂和鳔胶——用于物品的急救。例如，她使用了 HMG 牌 b72 型乳胶黏合剂，这种胶水凝固得很慢，可以让她调整正在操作的部件，然后用丙酮清除多余的部分：不计其数的纸巾也是她的工具箱的一部分。大量的绿色不粘胶带让碎片在干燥时保持原位。她的工作对亮度要求高，所以她随身带着聚光灯。

在成为一名自由职业者之前，莎拉在威尔士和苏格兰的多家国家博物馆工作过，因为没有一家博物馆具备其内部要求的全部技能。许多博物馆的文物修复工作都是由独立承包商或其他拥有丰富技能和经验的爱好者团体承担的，这些爱好者通常来自制作这些器物的行业，如飞机工程师或计算机程序员。莎拉的合作

图 59　文物修复师莎拉·格里什处理钟表木制部件的工具。

方式还表明，考虑到藏品的尺寸、功能和材料的多样性，文物修复几乎总是某种多样性的团队合作：木头修复和金属修复、钟表机芯和外壳、内部和外部、业余和专业。没有单一的“科学文物修复师”。例如，在准备格拉斯哥的河滨博物馆（Riverside Museum）将展出的器物时，拥有自然历史、美术和交通运输方面专业知识的人员花费了 3.8 万个小时进行文物修复。参与修复的人员记得，他们处理了“从蒸汽机车到玩具车，从油画到船舶模型等各种收藏品”，其中一个船舶模型的索具“实际上是被灰尘黏在一起的”。应对这些不同的挑战需要一个多技能团队的努力，它的成员“来自各种领域，如固定和临时合同人员、文物修复项目、志愿者和来自外部行业的学徒”。[8]

将策展人和文物修复师、技术人员和科学家、业余爱好者和专业人士结合在一起的是对藏品共同的热情，一种与他们的机器相连接的纽带，人类学家莎伦·麦夏兰称之为“器物之爱”。[9] 在观看博物馆储藏室的工作时，麦夏兰还敏锐地观察到“他们的指导主旨是追求秩序”。[10] 这一点在物品的移动量上最为明显。与它们如静态陵墓的名声相反，储藏室的工作通常涉及频繁的物品转移。当莎拉完成时钟的修复工作，推着一辆有着崭新防风外罩的手推车回到钟表储藏室时，我们注意到她并不是F大楼里唯一推手推车的人。文物修复工作或编目工作很少可以在物品所在货架的原位上完成，它们从一个货架被移到另一个货架，或者移到文物修复工作坊或外部承包商那里。大多数物品由手推车移动，当然，这也是米尼翁3型和其他打字机的移动方式。博物馆储藏室的节奏和日常生活取决于手推车，以及它们的可用性和移动路线：像电视剧《神秘博士》里的戴立克一样，收藏管理员也被楼梯所困扰，它们经常出现在储藏设施的尴尬位置。例如，在开尔文大厅，当你进入亨特博物馆的储藏区域时，迎面出现的是一段楼梯。与此同时，更大的物品带来了更大的挑战。将它们运到仓库可能需要拖运、牵引、轨道运输或专业起吊（图60）。手推车可能是博物馆内的生命线，但有些物品需要叉车、升降台、绞车

图 60 有挑战的收藏品移动：2017 年 3 月 8 日，布里斯托航空博物馆（Aerospace Bristol）在英国皇家空军的奇努克直升机的帮助下移动一架海鹞战斗机。

和起重机。

移动可以从无序中恢复秩序。与藏品摆放得无可挑剔的崭新展览区不同，储藏室里通常有一些物品不在正确的位置上，它们先被放在临时的位置，然后再转移到其他地方。这些悬而未决的物品可能已经被收购，但尚未编目或放在架子上；它们所在的房间或架子可能正在刷漆或有其他用途；这些物品也可能正在等待研究或展览。我们也许不愿意承认这一点，但有些物品可能已经像这样不在正确的位置上有一段时间了，甚至是几年了。

除了日常的移动（或缺少移动），策展人和收藏管理员会定期面临更大的任务——整个房间或建筑的内容需要重新安排。这可能是因为空间不再合适，或需要用于其他目的。这些变动往往没有经过周密计划，往往伴随着紧迫的最后期限，并且总是人手不足。还有更糟糕的情况。一位惊魂未定的策展人讲述了一个储藏室的命运，其中存放着他们保管的藏品，但在建筑工程进行时，这些藏品并没有被清空；墙壁上被打了几个洞，以便现场通风，这使得藏品上留下一层建筑灰尘。他们花了两年的时间和大量的资金才使这些藏品恢复昔日的光彩。

与 F 大楼的许多藏品一样，米尼翁 3 型在 20 世纪也曾数次搬家：从钱伯斯大街的主博物馆搬到了临时设施（如位于利斯港的前海关大楼），之后在格兰顿定居。2016 年，牛津科学史博物馆将其全部藏品转移，因为大学另一个（更有钱的）部门需要使用奥斯内的老发电站，而这些科学仪器被安置在了牛津市西部。

工作人员花了 30 个月的时间，对 9000 件器物进行审核、记录、测量、称重、状况检查（包括对无处不在的危险进行调查）、拍照、清洁和包装（图 61）。在这个过程中，他们发现这些器物由大约 6 万个单独的物件组成。这项任务雇用了多达 8 名的全职工作人员，他们在志愿者的帮助下运用了条形码——这是一种常见的在短时间内密集移动馆藏的方法——以及似乎无限供应的无酸盒子和纸巾、波纹塑料和惰性泡沫。[11]

从老发电站搬迁既昂贵又困难，加上指定用于大学藏品的设施尚未准备就绪，这导致了项目延期，同时需要租用仓库。但是，请想一想科学博物馆集团将藏品移到位于沃顿的 1 号大楼，那是英国和平时期最大的博物馆藏品转移项目。自 20 世纪 80 年代以来，伦敦科学博物馆与维多利亚和阿尔伯特博物馆和大英博物馆共享了位于肯辛顿奥林匹亚附近的前英国邮政储蓄银行的办公楼“布莱斯之家”（因是 2011 年电影版《锅匠，裁缝，士兵，间谍》的拍摄地而闻名）。伦敦科学博物馆在其中的 1.2 万平方米区域存放了亨利 · 威康爵士的多达 11.4 万件的医学藏品。

早在 1980 年，当布莱斯之家将要被占用时，伦敦科学博物馆还在威尔特郡沃顿的一个前军用机场的 6 个机库中为较大的器物保留了空间。虽然距离大约 130 公里且交通不畅，但沃顿提供了充足的空间。然而，尽管机库大到可以在里面形成云，但到了 20 世纪 90 年代，机库已经被填得满满当当了：客机、电车、公共汽车、拖拉机、火箭、世界上第一艘气垫船和一台 3 层楼高的印刷

图 61　移动项目团队正在对牛津科学史博物馆的藏品进行清点、拍照、编目和清理。

机占据了很大的空间，更不用说2007年转移到那里的150万册书籍和档案材料了。尽管重新调整了用途并在现场建造了其他建筑物，但在接下来的几十年里，存储仍然是一个令人头痛的问题。2014年，当英国政府的文化、媒体和体育部准备将布莱斯之家出售时，情况就不在伦敦科学博物馆的掌握之中了，而所有3家博物馆租户都将被驱逐。博物馆用1.5亿英镑的“金降落伞”缓冲了这一打击，科学博物馆集团选择对沃顿的国家收藏中心进行改造，并将布莱斯之家的物品以及其他地点的藏品转移到那里。[12] 该集团发起了一项名为“藏品统一”的计划，以审查其全部馆藏，并将32万件物品转移到位于沃顿的1号大楼内。他们也使用条形码来跟踪移动，大多数物品都已被记录、拍照并在线发布，从而减少了在此过程中产生的令人生畏的积压工作。

使用藏品

回到F大楼，米尼翁3型打字机很容易移动：如果研究人员想检查它，策展人可以小心地将它从架子上拿下来，然后用推车推到桌子旁。但他们为什么要这么做——与这样的器物直接接触会带来什么好处？“研究”科技器物意味着什么呢？即使这只是在某一类空间中进行的某一种研究，但与保存器物的接触是关键的。然而，我们在引言中遇到的分类混乱再次困扰着我们：在科学博物馆中进行的研究很少是关于科学的。例如，自然历史博物馆为研究进化和生物多样性提供了重要的数据和专业知识，而考古学馆藏可以更好地用于了解人体解剖学。他们有时会使用样本进行分析，切下微小的部分来分析 DNA。但在科技博物馆储藏室中进行的许多研究更类似于在社会历史、艺术或人类学收藏品中的研究。在这些领域，当谈到“研究”器物时，策展人或其他人很容易心领神会地点头，就好像他们有一种可以像文本一样阅读的语言。正如一位科学策展人所写的那样，“努力观察器物，让它们‘说话’，是博物馆策展人的技能之一”；她指的是“与此类器物有益的‘对话’”。[13] 我问一位研究人员，他在一次研讨会的小组工作中遇到的科学仪器是否对他说话，他回答道：“没有，但它对我旁边的物理老师说话了。”[14]

在与这样的器物交流时，科技博物馆的研究员会做什么？他们如何使用科学藏品（其中包括一些极其复杂的设备）？据透露，博物馆研究可能会出奇简单。为了说明这一点，让我们以研究者的身份来了解检验米尼翁 3 型的步骤。首先，我们需要找到它。幸好，助理策展人卡塔琳娜·格兰特（Katarina Grant）将在现场提供帮助。即使拥有策展人和收藏品管理员的工作绝技，以及完全准确的最新收藏品数据库，要在数千公里的货架上的成千上万件物品中找到某件物品也绝非易事。探索和定位是被人类学家尼古拉斯·托马斯（Nicholas Thomas）称为“博物馆即方法”中的一个关键但被忽视的要素。[15] 他提醒我们注意在博物馆或其仓库中发现的、“偶遇的”事物。研究人员要找寻的目标旁边的物品往往很有启发性；在浏览货架时，简单的偶然发现也可能是一件很有效的事情。

货架很高，也可能很拥挤。为了保证物品的安全，也为了我们的方便，博物馆研究人员的下一步工作是将物品带到更方便、更容易放置和研究的地方。F大楼有一间专门的房间：档案管理员称之为“搜索室”，其他人称之为“研究室”，但简单来说，这是一个有一张大桌子、良好光线和无线网络的空间。即使只是要访问博物馆的目录，大多数研究人员都可能随身携带笔记本电脑作为记事本，因为我们无疑会对这件物品和其他类似物品有更多的疑问。

一旦被放在操作台上，我们会测量打字机以便仔细复核目录中的数据，并拍摄一些照片。我们下一步也是最重要的一步，就是细致入微地观察这件器物一段时间。艺术史学家可能会认为这是一种鉴赏力——通过观看艺术品获得视觉知识，带来视觉记忆以及通过频繁比较来培养识别风格、年代、地点和真实性的能力，这是传统策展专业知识的关键部分。我们将关注装饰、图像学（器物上的任何符号或有意义的图像）、精细细节、氧化层以及它是如何制作和使用（甚至损坏）的证据。对于许多研究人员来说，下一个阶段就是操控这件器物，如果这样做是安全的话。为了获得像此类小金属器物的触觉体验，研究人员将小心地戴上紫色乳胶手套。其他研究人员将戴上典型的白色棉制手套，器物的材质决定了手套的种类。关于手套的价值和种类的争论在业内非常激烈：因为我坚持使用手套，我曾被一位受人尊敬的考古学家在电视节目中指责为“可悲的”。

操控器物的第一步是小心地举起它。这有助于我们理解机器的平衡，它有多笨重，以及对打字机来说至关重要的是它的便携性。“便携性是体验的一个方面，不能简单地用物体尺寸的描述来形容。”一位打字机专家说道，“搬运器物时，灰尘和污垢会沾到你的手上和衣服上，这更能告诉你器物的状况和其结构使用的材料。”重量和平衡是打字机的特别问题：“有些机器可能非常重，其沉重的滑动托架会在移动打字机时来回滑动，这使得运输更加困难。打字机上是否有易于抓握的部位呢？”[16] 举个例子，一台很重的奥利弗打字机因为安装了手柄而易于抬起——尽管任何一位文物修复师都会告诉你，人们永远不会用博物馆器物上的手柄来抬起它。即使是这样坚固的器物也会随着老化而变得脆弱，这会让人倍加谨慎。但这是值得的，操控器物可以让我们获得在最近距离的观察中也无法获得的信息。

一些研究人员会更进一步，将这件器物用于其原来的用途。通过使用机器，我们可以比从以往的阅读或观察中学到更多关于它的知识（图 62）；对打字机来说尤其如此，因为它在很大程度上依赖于不同的指压和速度。在史蒂文·卢巴（Steven Lubar）担任史密森尼学会策展人期间，机械师试图让一台 19 世纪 30 年代的制针机运行，他从这段短暂经历中学到了比他以往从书面资料中获得的更多知识。[17] 操作器物，无论是制针机还是打字机，都

图 62　打字机研究员詹姆斯・英格利斯（James Inglis）与物质文化的触觉接触：打字。这揭示了视觉、嗅觉和听觉所不能揭示的事情。

可以揭示这些静止的、无声的器物的声音——甚至气味。

学习如何使用器物的一种方法是查阅手册。鉴于我们现在更习惯使用全键盘而不是索引打字机，博物馆有一本米尼翁 3 型的说明书（图 63）。这再次强调了说明书的价值，以及更普遍的“文件资料的半影”的价值。对印刷资料进行仔细研究和比较是科学技术史的常见要素。其他重要来源包括与器物相关的目录条目、与此类器物相关的当代文章以及其他藏品中类似打字机的照片。这些文档和图像有助于研究者了解这些器物的价值及其

Mignon Typewriter, Model No. 3.

A. Space key
B. Printing key
C. Protecting cover or hood
D. Right Hand Spool
D^1. Left Hand Spool
E. Right Hand Screw Button for Spool
E^1. Left Hand Screw Button for Spool
F. Bell Trip
G. Right Hand Stop
G^1. Left Hand Stop
H. Platen Roller Knob
I. Paper Release
K. Line spacing lever
L. Switch for line spacer
M. Platen roller release lever
N. Right carriage release lever
N^1. Left carriage release lever
O. Right Lever for Rod (P) which grips the Paper
O^1. Left Lever for Rod (P) which grips the Paper
P. Rod for gripping the Paper
Q. Ribbon
R. Type Cylinder
S. Screw Nut for Type Cylinder
T. Metal Guide Plate
U. Scale
V. Carriage Rail
W. Keyboard
X. Pointer
Y. Handle for the Pointer

图 63　文件资料的半影：伦敦电气公司，《米尼翁 3 型打字机说明书》(伦敦，约 1914 年)，当前为第 12 页。

MIGNON
o_1
p
r
s
t
q
g_1
n_1
e_1
d_1
y
x
w
u
g
o
m
k
l
i
h
n
v
e
d
f
a
c
b

来源。当然，这既有财务价值，也有文化价值和技术价值。掌握它的出处非常重要，因为这有助于了解我们是如何获得该器物的，以及其中涉及的相关人员，无论是发明家、使用者还是收藏家。[18] 米尼翁3型在第一次世界大战期间从德国来到英国，然后被史密西斯使用，这一点很有吸引力，因为这为它带来了新的意义。其他器物的出处可能揭示了殖民的根源或与狡猾商人进行的黑暗交易。这些文件还帮助研究人员拼凑出器物的使用地点、使用者以及它们在本世纪都去了哪里，因为它们在博物馆的生涯通常比使用寿命长。文字和图片有助于将器物的传记与人的传记联系起来，从而帮助我们不仅了解物质文化在科学技术中的作用，而且了解器物的文化遗产在博物馆中的建设。

研究人员的下一步工作是从库存中选择相似的器物，将它们放在相邻的位置。正如考古学家评估整组文物一样，在技术藏品的研究中，可以同时研究数十种甚至数百种类似的设备。例如，伦敦科学博物馆的亨利・威康收藏的各种各样的仪器。大批器物所提供的比较分析是博物馆研究的特点，尼古拉斯・托马斯在他的"博物馆即方法"中将其称为"并置"。[19] 我们可以察觉微小的变化，判断一种机器发展的时序，并注意制造商之间的差异。这就是这些庞大集合的价值所在，有助于研究人员理解阵列中的单个器物。博物馆研究是有关联性的：这些器物不仅其内部和本身有趣，而且与其他器物的联系也很有趣。

当然，打字机只是器物的一种。在这里采用的观察、使用、比较方法中，我们遵循的是一条由其他人针对不同器物铺设的路径。他们会问，它是从哪里来？它由什么制成？它是如何设计和制造的？它是如何被使用的？研究人员将这些问题归为“物质文化研究”这一术语下。作为与米尼翁 3 型的对比，让我们考虑一下多伦多约克大学科学史学家凯瑟琳·安德森（Katharine Anderson）及其同事的活动。他们在加拿大科技博物馆的仓库里待了一周。在策展人戴维·潘特罗尼的指导下，他们开始研究如何通过物质文化方法来了解一种近似人形的豆绿色金属仪器（图 64）。

他们仔细测量并详细描述了它，包括它的整体形状、缺失的表盘和油漆涂层中的碎片。他们戴上手套，小心地操纵着它的可活动部件。这向他们证实了这是一台某种形式的精密地质仪器，因此他们开始从文字和视觉资料中寻找更多信息。他们从仪器上和周围发现的“痕迹”信息开始：包装箱上的标签和印字，仪器上的雕刻。这些揭示了它的功能要素（扭秤）及其出自匈牙利的身世。他们阅读发现，它是由罗兰·厄特沃什设计的，并在 1928 年由南多尔·聚斯制造；登记人员告诉他们，它于 1987 年到达博物馆。仪器箱盖上的照片将设计置于其原本的美学语境中，显示了仪器与布达佩斯的约瑟夫桥之间的设计相似性。重叠的标记和标签也让团队能够拼凑出这件器物的后来经历。

有了这些细节，研究人员开始从已发表的文献中构建仪器的背景信息。文献揭示了在 20 世纪 20 年代的物理学中，它在尝试

图 64 策展人和其他科学史学家试图了解加拿大科技博物馆储藏室中的厄特沃什扭秤。

关联惯性质量和引力质量方面的作用，这继而又支持了量子理论。当他们开始考虑功能时，事情开始变得有趣，因为当代对秤的描述与所讨论的器物不太匹配。科学史通常关注精细的实验室实验，但这个样品的结实结构让研究人员看到了一段鲜为人知的实地考察历史，在这个事例中，加拿大地质学家 A.H. 米勒（A. H. Miller）使用了它。通过仔细检查，研究小组发现需要一种特殊的光源才能操作嵌入仪器中的望远镜。他们写道："文献中发现的线索与我们使用仪器的有限尝试之间的对话，使我们重新发现了仪器使用者的默会知识，一个在仪器所有描述中都遗漏的细节，尽管这个细节在进行观测时起着至关重要的作用。"[20] 这件仪器的复杂性也清楚地表明，操作它需要相当的技能和非书面知识。这一项目使博物馆对这件仪器有了更多的了解，团队的研究技能得到了提升，他们的学生也得到了物质文化研究中的一个案例分析。

安德森和她的同事在科学技术史学家中是不同寻常的。许多人对物质文化感兴趣，特别是考虑到学术界对"物质转向"的关注，但很少有人会亲自到博物馆仓库直接体验藏品。我的两位博物馆同事注意到我们的仓库里没有这种情况，他们调查了主要的学术期刊，证实了很少有大学的科学技术史学家在出版物中使用博物馆藏品。[21] 他们可能会通过其他媒介（如档案和书籍）与藏品间接互动，但他们很少直接接触博物馆藏品。

如果不是学术研究人员，那么，谁会到仓库来使用藏品呢？

大多数博物馆每年都会不遗余力地通过预约的方式接待几十名不同形式的从业者进入仓库。来自不同学科的学生开始涉足研究；艺术家来参观以获得灵感；收藏家来比较和定位他们自己的藏品；系谱学家来跟进家族史线索；爱好者或“专家爱好者”来增强他们自己的理解。例如，科学博物馆集团的“仓库中的能源”项目将收藏品管理员和前工程师聚集在一起，讨论该集团持有的能源类藏品。[22]

至关重要的是，这些项目有策展人参与。传统上讲，研究一直是策展人角色的核心要素。虽然在国家、大学博物馆之外的地方并不总是如此，而且即便是那些积极从事研究的人也经常给人这样的印象——这部分工作在日益减少。尽管如此，科学博物馆集团总监伊恩·布拉奇福德爵士（Sir Ian Blatchford）在被任命时宣布，他希望能够“对我们自己的藏品进行真正的研究”。[23]除了策展人，文物修复师也研究藏品，而来访者和教育人员研究器物和观众之间的关系。一些机构选择在特定部门内协调这项研究，例如伦敦科学博物馆的研究和公共历史部，或德意志博物馆内的研究机构。这样的部门一般目的明确，即博物馆可以成为研究的驱动者（像大学一样），而不仅是研究资源的提供者（像图书馆一样）。

策展人及其同事还将通过专门的部门或其他渠道，为其他人的研究提供便利，无论是作为有偿顾问，还是接待访客参观仓库，或是回应远程询问。询问者通常会问到特定器物是否存在或关于它的更多细节，但他们的问题有些绝妙（“你把引发伦敦大火的火花保存在哪里”），有些荒谬（“你有尼古拉斯·凯奇的真人比例立牌吗”）。[24] 当然，不同机构之间的查询数量也各不相同，惠普尔或富兰克林这样的小团队每年有 50—100 次，而国立美国历史博物馆的科学和医学部门每年提供 500 次回复。

这些回应包含了与博物馆使用者的对话，这对博物馆来说是被忽视的但重要的藏品研究成果。藏品研究为未来的策展人填补了目录条目；藏品研究为文物修复师提供了成功的物品处理方法；藏品研究为满足普通读者而出现在畅销书籍中；藏品研究为远程观众提供纪录片和播客；藏品研究有助于我们在前一章中讨论的面向未来游客的收购，并为我们将在下一章中探索的博客、推文、在线数据库和网页提供信息。跨学科策展人马莎·弗莱明（Martha Fleming）很好地概括了博物馆研究的广度及其受众：

> 博物馆研究发生在文物修复和策展部门中，在学习和教学中，在展览制作和标签书写中，在趋势预测和数字文件中——以及它们之间的所有地方。这些处于博物馆核心的合作性交流形成了独特的知识形式（尽管它们并不总是能被公众看到，也不总是被相关人员视为研究）。[25]

马莎指出了藏品研究的主要成果之一：展览。每一场展览都依赖于研究，通常（但并非总是）由策展人进行。文本面板上每一个措辞巧妙的短语都需要仔细地研究和巧妙地组合。这一展览的制作过程是针对文本输出的独特研究。第三个维度——事物的展示及其空间布局——使展览在过程和产品上明显不同于其他类型的研究。详细的专家调查往往是必要的，而展览必然是团队合作的产物。米尼翁 3 型在苏格兰国立博物馆的一场名为“打字机革命”（Typewriter Revolution）的展览中展出，这要归功于十几位强大的研究人员、策展人和展览专家。策展人和大学同事之间的合作研究项目不仅产生了书籍和文章，而且还产生了这样的伟大展览。[26]

在实验室方法的推动下，挪威科技博物馆开发了一种特别的协作工作方式。他们试图围绕器物进行物理和概念上的跨学科实验，为文物修复（与器物相关的工作）、研究（与想法相关的工作）和展览制作（与模型相关的工作）提供空间。[27] 实验室方法需要艺术家、科学家和其他外部人员与博物馆专业人员在一系列研讨会中一起工作。一个这样的工作室围绕在一块巨大的雕刻花岗岩“希特勒石”周围，它原本用来建造一座巨大的纳粹凯旋门。按照实验室方法，一个跨学科团队负责将其纳入名为“大空间”（Grossraum）的展览中，这是一个在挪威举办的关于强迫劳动和第二次世界大战筑路的展览。在下一章中，我们还将再次与挪威科技博物馆的富有创新性的展览制作实践相遇。

所有这些项目使各种各样的人进入了藏品设施，但仍然只是几十人，而不是上百人。科学博物馆集团认为，“这些特殊的研究型观众虽然数量很少，却极其重要，因为他们处理的是他们不做就不能被看见和不能被使用的藏品，并从中开发新的叙事。研究支持并帮助扩大我们的藏品，发现被遗忘的关联并揭示新故事”。[28] 一些博物馆正尝试将储藏空间打造成“可见的储藏室”，以便更广泛地提供进入这些空间的途径。这种潮流始于人类学博物馆，一般是在展厅旁边增加一个高密度的存储和展示混合的可访问区域。例如，大英铁路博物馆（National Railway Museum）的“货栈”实际上是公共展厅的延伸。亨特博物馆的科学策展人尼基·里夫斯（Nicky Reeves）称之为“精心安排的仓库的表演”。[29]

更重要的是我们可以称为“可访问”的仓库，让团队能够参观真正的收藏设施。例如，位于尼兹希尔的格拉斯哥博物馆资源中心，它的 17 个分隔舱旨在提供参观服务，整个场所为教育团体而设立，每年最多有 1.5 万人来访。加拿大国立科技博物馆团体和科学博物馆集团都有在新设施中进行参观和教学的雄心壮志。F 大楼最初设计时就考虑到了这一目的，而增加相当有限的公众客流量的计划目前正在进行。与此同时，当意识到我们只触及了这座博物馆和其他博物馆储藏室的隐藏财富时，让我们先把米尼翁 3 型放在一边吧。

永恒的碎片

我们现在已经大致了解了策展人、文物修复师和研究人员在展览之外和幕后所做的工作，展览则是我们下一章将要探讨的（毕竟这是我们大多数人体验博物馆的方式）。每天，他们都在这些多感官空间里工作，伴随着手推车发出的轻柔声音，以及科学藏品特有的油和文物的气味。当然，还有许多其他人参与了绝大多数的展览之外的工作：如保安、搬运工、清洁工、收藏品管理员、技术人员、编目员和摄影师，这些人很少出现在聚光灯下。

他们关心的大部分事物也不是公众关注的重点。因为尽管米尼翁 3 型注定要被展览，但需要注意的是，大多数的博物馆藏品并不一定在等待展出的机会。有些太珍贵而无法展示，有些是不可展示的，有些太危险，还有许多与展出的作品非常相似，而有些只是太平凡了。然而，博物馆在其维护方面投入了大量资金。博物馆在道德上是被迫的——对于许多国家博物馆来说，也是受法律约束的——去永远保留藏品，这将会是一个漫长的过程。这带来了我们经常忽视的实际的、财务的后果：在苏格兰国家博物馆集团，我们计算了购买、评估、记录和保存一件器物的实际成本。考虑到没有时间期限会无法得出结果，我们计算了每 10 年的数字，这足以令人瞩目。我会谨慎对待我们得出的确切金额，但这与一位美国策展人所做的类似计算相当，他发现，在每件器物成为收藏品的第一个 10 年中，它们至少需要 6600 美元。正如一位同事在我们的其他精算工作中从哲学的角度反思的那样，我们正在处理“永恒的碎片”。[30]

这个成本表明了本章的主题：这些令人惊讶的生动宝库中收

藏了大量材料，由一批精选的综合专业人士照顾，并由少数勤奋的研究人员来查阅。这些实践活动很少被博物馆学家所考虑，更不用说博物馆参观者了，他们倾向于关注展出的藏品，这是可以理解的。[31] 但仓库中的珍宝对我们理解科学器物，以及科学器物作为文化艺术品和技术工具的作用至关重要。

这台米尼翁 3 型打字机值得保留几十年吗？我们是否应该重新审查我们对数千件藏品的监管——并非所有藏品都已编目，其中很大一部分藏品与米尼翁不同，它们可能永远不会被使用，它们都值得吗？值得，如果我们接受藏品的价值在于它们具有激发以下其他功能的潜力。值得，如果我们接受仓库很可能是它们最终的休息场所，博物馆储藏室作为一个空间，作为一种设施，除了成为其他空间和功能的缓冲区外，本身也有优点。值得，如果我们认为仓库是科学技术的物质记忆。在那里进行的许多活动，许多物品、图片和文本，能帮助我们理解科学。因此，博物馆不必为米尼翁 3 型和其他数百万件未展出的藏品而感到抱歉，而是应该宣传它们，讨论它们，并更广泛地展示它们。让我们赞美科学藏品的仓库吧（图 65）。

图 65　我们应该赞美仓库：哈佛大学科学仪器历史收藏馆的中等物品存放仓库。

第四章

与藏品互动

图 66 管中装的是一种磁流体，一种在强磁性作用下像固体一样的液体；悬浮在液体中的是纳米级的磁性颗粒，与我们第二章在曼彻斯特遇到的石墨烯的大小相当。[1] 在正常情况下，颗粒自由移动而该物质是液体状态，但在磁场作用下，粒子就形成了固体结构。在附近移动磁铁，磁流体的形状就会变得像刺猬和小型移动风暴云的混合体。除了这些引人注目的特点外，它的特性还有多种用途，例如用于印制钞票的磁性油墨。

与我们在本书中遇到的大多数器物不同，这根管子不是永久性藏品，而是一个临时展览的一部分。这是在北美科学博物馆周围分布的几十个展览之一，该系列展览属于一个通过积极的动手学习让年轻人及其家庭参与纳米科学的大型项目。由明尼苏达州科学博物馆（Science Museum of Minnesota）和波士顿科学博物馆牵头，由美国国家科学基金会资助，纳米级非正规科学教育网络自 2005 年开始运行，至 2012 年结束。纳米级非正规科学教育网络计划通过活动、数字资源、培训和快闪式展览（图 67）让观众

图 66　奇怪又奇妙：磁流体。

参与到新的纳米技术中，这涉及 600 多家博物馆和其他组织，并惠及 3000 多万人。[2] 这个项目后来重新整合为国家非正式科学、技术、工程和数学教育网络，广泛的评估表明，该网络在改变纳米技术的专业实践和公众舆论方面取得了一些成功。纳米级非正规科学教育最终获得了 4000 万美元的公共资金支持。在大西洋的另一边，由欧洲的科学中心和博物馆构成的网络——欧洲科学、工业和技术展览合作组织提供的活动，每年吸引约 4000 万人。[3]

参与科学是一件大事。我们在上一章中探索的地点和实践活动涉及数十万件博物馆藏品，但只涉及少数特定的人。相反，我们现在将考虑参观博物馆的数百万人的体验，尤其是他们如何邂逅藏品。最明显的参与方式是通过展览，因此我们将在那里开始

图 67　展览微小的事物：巴尔的摩发现港儿童博物馆（Port Discovery Children’s Museum）的“纳米”展览。

旅程，然后探索其他形式的参与，特别是博物馆组织的活动，以及它们如何使用数字渠道提供藏品体验。

在所有这些活动中，科学博物馆都受到一个悖论的支撑：尽管信息丰富，但许多人仍会做出令科学家困惑的反专家选择。[4]欧洲和北美的人们通过各种渠道获得了前所未有的科学知识：电视、互联网、新闻媒体、社交媒体、动物园和科学中心。人们愿意花时间和金钱“在与科学技术相关的令人愉快的、有启发性的体验上”，然而也存在相反的，例如，许多人拒绝接种疫苗，或否认气候变化（我们将在下一章中再次讨论）。因此，参与纳米级非正规科学教育和欧洲科学、工业和技术展览合作组织的科学博物馆不仅乐于提供信息，而且对增强科学技术的批判性思维感兴趣：也就是说，它们在“参与科学”中使用科学藏品。参与科学继承了第一章中提到的“公众理解科学”的倡议，他们认为普通人群中存在教育赤字，这与科学传播非常相似，但加入了更多的双向性对话。（在这里，我将继续我的坏习惯，使用“科学”作为对“参与科学、技术、工程和数学”的简略表述。）

除了神秘的磁流体，在我们搜索参与科学图景里的器物的过程中，我们还会遇到更奇怪的事物：一个骨螺钉、一片挪威的思维森林、收藏品之间的数字大战、一次为蟑螂准备的博物馆之旅和一台时髦的德国咖啡机。我们将证实在前几章中发现的，科学藏品的最佳用途之一就是讲述人的故事。我们将发现，尽管科学博物馆有着面向儿童的名声，但无论是对成年人还是对儿童来说，与科学器物互动都可以是一种有形的或数字化的多感官体验。科学器物可以很有趣。

科学展览

我们科学体验之旅的第一站是展览。展览的规模和主题如何？器物是如何结合展览的其他组成元素加以呈现的？让我们来探索展览制作背后的过程，并揭示它们如何将器物与人联系起来。

“纳米”是纳米级非正规科学教育网络提供的“快闪式”小型展览（图 67），展览面积约 40 平方米，面向小孩子及其家庭，提供不同级别的讲解，以促进代际对话。这类家庭群体有各种不同的形式和规模，因此博物馆需要满足不同的期望。“具有互动性，提供知识，且适合家庭参与”，它包括动手活动和相当多的游戏元素。“纳米”展览可以复制，在任何时候都有 90 个或更多的展览在展出。[5] 纳米技术是一个热门话题（例如，在巴西和德国也可以参观类似的展览），而互动体验旨在阐明当代最新的科学，并使它更加富有生气。[6]

“纳米”展览是科学展览中规模较小、持续时间较短、花费较少的一种。而大规模展览项目可能占地数百平方米，持续一代人时间。永久展厅可以按时间顺序排布，但更常见的是，大型博物馆是按主题排布的：工程（或“发明”）、交通运输、通信、计算机技术、能源，有时有机器人；并且大多数科学博物馆都会有一个有关太空的永久性展厅。正如我们在本书开篇所发现的那样，这些展厅往往以工业或技术为主导，致力于纯科学的常设展览占少数。这些永久性展厅通常需要数百万英镑或美元的资金支持，无论是慈善的还是公共的资金，如美国国家科学基金会的支持或英国的彩票资金。

21 世纪前 10 年是大规模更新展览的繁荣时期。2012—2016 年，在私人捐助者、威康信托基金会和当时的英国国家彩票基金的支持下，苏格兰国家博物馆集团对整个科学技术领域展区进行了重组。威康信托基金会同样支持了伦敦科学博物馆繁杂的医学史展厅，该展厅于 2019 年 11 月在伦敦开展，耗资 2400 万英镑（图 68）。德意志博物馆和国立美国历史博物馆都正在进行长达 10 年的项目以重新开发大部分展厅，涉及数十个展厅和数万件物品；而莫斯科工业技术博物馆已经于几年前全部关闭以改变整个展区布局。

这些大规模的检修往往是按展厅逐步进行的。以伦敦科学博物馆的“科学城：1550—1800”为例。该展厅在对早期现代科学历史和科学仪器研究的基础上建立，占地 650 平方米，于 2019 年末开放，由包括林伯里信托基金（支持文化事业的塞恩斯伯里家族的慈善机构之一）在内的资助者支持。与最近其他的重新开发项目相比，它极其深奥，探索了 250 年来伦敦的仪器制造。它展示了英国科学仪器最伟大的成就，包括乔治三世收藏品中的珍宝（见第二章）、标志性显微镜、地球仪（仅前两年展出）和艾萨克·牛顿的反射望远镜。它们被摆放在设计师吉塔·格施文特纳设计的一个引人注目的背景前。与伦敦科学博物馆的数学展厅（由超级明星建筑师扎哈·哈迪德设计）一样，“科学城”将科学仪器当作艺术品展示在一个安静宽敞的展厅中（图 69）。与它们相交织的是人类的故事：不仅有像艾萨克·牛顿这样的伟人和贤者的故事，还有科学仪器制造者和使用者的故事；不是“局限于学术界的科学，而是对许多人的生活具有实际意义和重要性的科学”。[7] 甚至还有一部分以女性为主题。

“科学城”展览将持续 10 年以上，它是占据了绝大部分的室内面积并吸引绝大多数参观者的长期展厅中的一个。然而，博物馆的大量注意力和营销预算都用于有时间限制的展览，旨在引起轰动并吸引游客进入博物馆的其余部分。大多数展览的规模相对较小，位于小型或中型空间内，但在科学博物馆，就像 20 世纪 70 年代以来该领域的其他地方一样，很多这种规模的展览引起了轰动。这些展览被深度营销，拥有成熟的商品和其他商业机会，可以提升博物馆的知名度。这些展览并不总是与科学博物馆自己的藏品直接相关，其主题一般是大众比较感兴趣的：恐龙，巨匠，尤其是古埃及木乃伊。例如，2007 年，“图坦卡蒙与法老的黄金时代”（Tutankhamun and the Golden Age of the Pharaohs）是富兰克林研究所百年历史上最受欢迎的展览，吸引了 130 多万人次的参观。有时，这些展览会从专业公司聘请专家，他们知道爆

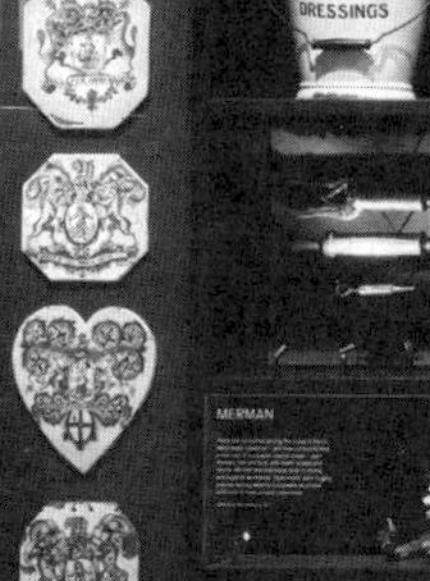
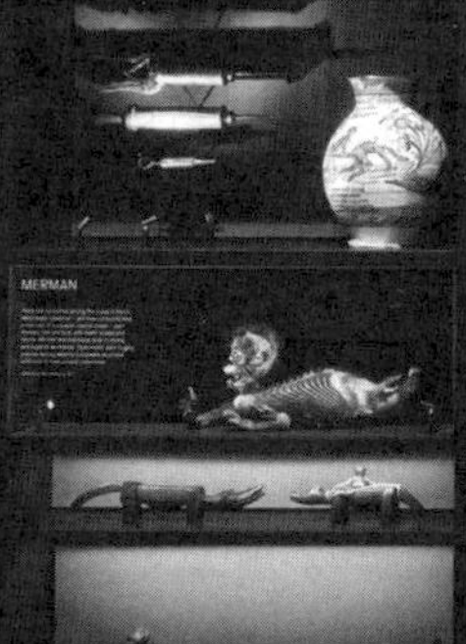

图 68　2019 年开放的伦敦科学博物馆医学展厅中的一个珍品陈列柜，用以探索“跨越时间和空间的人类的医学体验”。

ARTIFICIAL HANDS

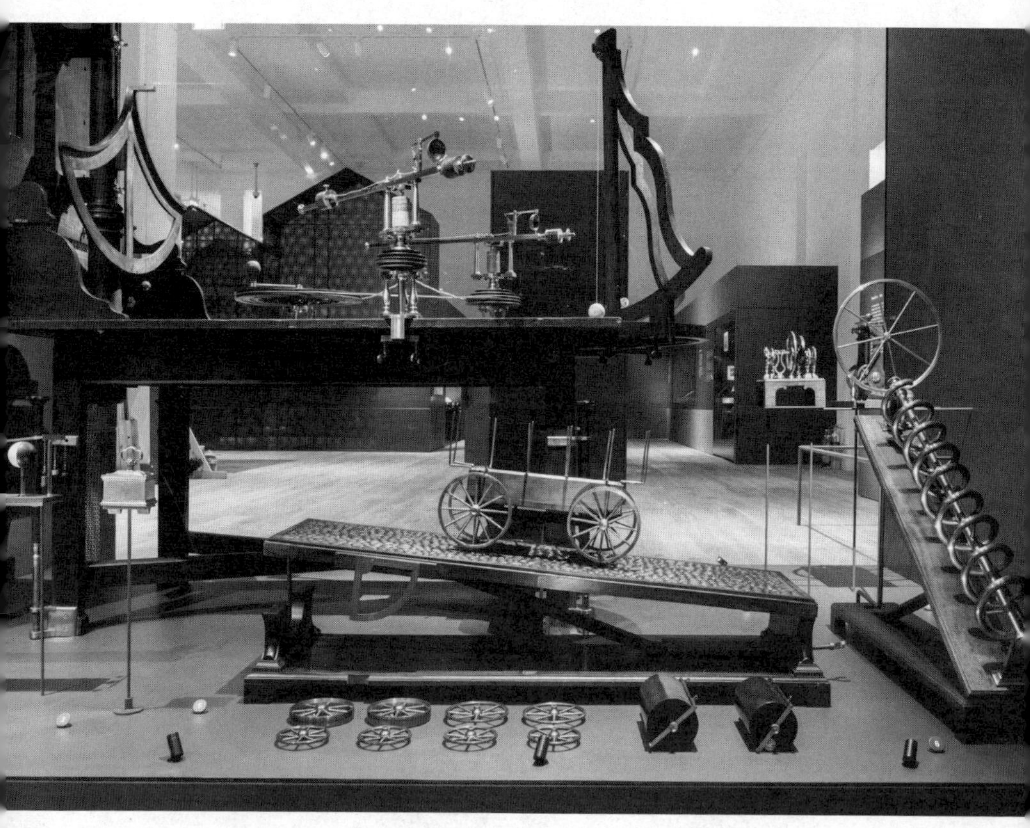

图 69　2019 年的“科学城”展览。

点在哪："星际迷航"或是"人体世界"，这些都成了世界巡回展览。或者，它们可能是由大型博物馆设计和储备的巡回展览，目的是吸引新的观众，扩大博物馆的影响力，打造品牌。伦敦科学博物馆的"超级细菌"展览，曾在印度、中国、俄罗斯和阿根廷展出。[8]还有些展览则是出自本土且更具特色，例如，德意志博物馆2019年的展览"咖啡世界"（Coffee World），探索了咖啡制作中的科学和技术。[9]这些展览一般整洁、明快，但对于一个永久性的展览来说太小众了，当许多展厅因重新开发而关闭时，博物馆用这些展览来进行自我宣传。

2011—2012年，在奥斯陆举行的"思维缝隙"（Mind Gap）展览无疑是一次绝无仅有的活动（图70）。这场奇怪的展览"旨在将神经科学视为实践和文化，以［弥合］大众文化对大脑的概念与研究人员对大脑更具体（但还不足）的知识之间存在的差距"。美国艺术家罗伯特·威尔逊（Robert Wilson）帮助挪威科技博物馆设计了一种可以反映人脑的复杂性和混乱性的游客体验。正如人们在科学展览中所期望的那样，参观者会遇到神经学家及他们行业的工具，但是是在充满镜子、假树和黑暗的房间里。动物标本、人脑和头骨、解剖模型、医疗设备和科学仪器是"在当地进行的自主研究项目的例子，而这些小组的仪器、方法和问题……甚至连研究人员都成了展览中的展品，暗示着在神经科学研究中大脑被仔细检查的方式"。[10]在风格和内容上，它与挪威科技博物馆的永久性展览明显不同，这使它们能够以新方式探索

图 70　令人不安的“思维缝隙”展览在奥斯陆的挪威科技博物馆举行。本书作者发现展览的每一部分都比上一部分更可怕。

新领域，并吸引新观众。“思维缝隙”吸引了超过 25 万人次的参观，其中包括 1 万名小学生和数量空前的专业团体。

这些就是科学博物馆公共产品的几个例子。但它们背后的过程是什么？与其他大型展览一样，“思维缝隙”也酝酿、制作了数年时间。策展人、教育工作者和设计师花了数月时间与科学家交谈，了解他们的实验和结果，然后才开始挑选将要展出的器物、图像和影片。他们使用实验室方法来探索如何解释这些素材。威尔逊和他的合作设计师塞尔吉·冯·阿尔克斯（Serge von Arx）与团队一起设计了布局图，建立了展览的模型（图 71），这是常见的做法；他们还步测了一个真人大小的模拟区域（图 72），这并不常见。

如此，“思维缝隙”展示了一个良好的展览过程应具备的品质。[11] 策展团队有明确而雄心勃勃的目标和预期的受众，并有针对他们的讲解。他们在展览之前和展览期间进行了评估，并在之后仔细反思。也许最重要的是，团队合作是该项目的核心，包括与科学家的密切合作；不过开发过程也体现了良性的创造性张力（围绕设计进行了大量协商）。任何展览都不仅涉及策展人，还涉及设计师、讲解员、教育人员、文物修复师和其他工作人员。每一步都需要协作：器物研究（发现、获取、保存、借用、运输）；书写标签和任何随附目录；设计空间、图形、文本、器物的容器和托架；项目管理流程、媒体、营销；与我们在后面遇到的其他活动和平台交叉工作；当然，还有获得赞助和管理巨额预算。

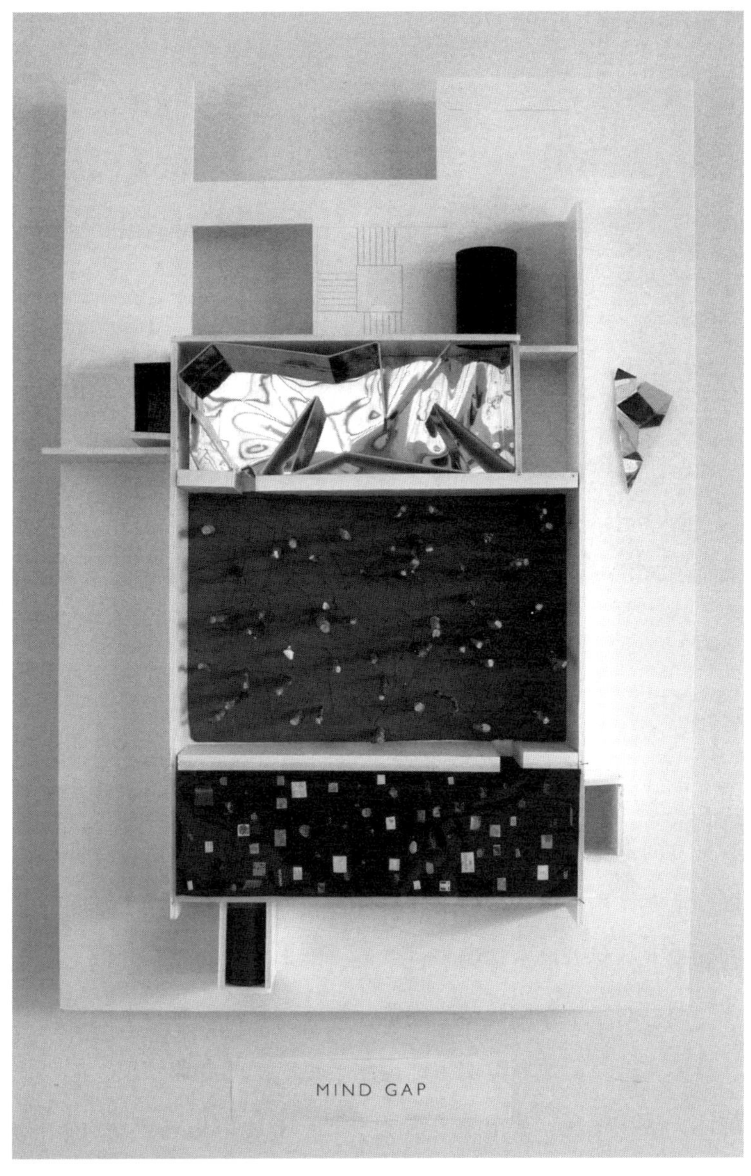

图 71　建立“思维缝隙”展览模型。

图 72　多才多艺的展览团队在步测“思维缝隙”展览。策展人亨里克·特雷莫（Henrik Treimo）正在从左侧离开展览区域。

其中许多职能是由自由职业者完成的，特别是在较小的组织中，展览团队不可避免地来自主办博物馆之外。有些展览甚至在所有方面都要与不同团体合作打造。[12] 在任何层面上，咨询都发挥着重要作用，参观者、潜在参观者和外部专家提供了不同的声音和观点。科学展览依赖于科学家、医生、发明家和其他人的专业知识：对于“思维缝隙”展览，神经学家密切参与了创意提供和具体实施。其他展览明智地运用了更广泛的专业知识，向其他群体、潜在观众，甚至是（倒吸一口凉气）年轻人进行咨询。在“科学城”的策展过程中，策展人请求科学仪器学会的成员加强对藏品相关信息的收集，并与科学仪器制造商公会的年轻成员们一起参与相关活动。[13] 在准备我们将在下面探讨的展览“寄生虫：生存之战”（Parasites：Battle for Survival）时，苏格兰国家博物馆集团的工作人员花了两年时间与符合预期观众年龄段的中学生一起合作，测试想法，希望能让展览变得有激励性和有趣。一位参与者在项目结束时说：“博物馆里不仅有过去。”作为回报，博物馆团队也学到了很多。[14]

大多数展览过程的核心是科学藏品。当然，有些展览本身没有博物馆藏品，例如美国的多场展览或巡回展览“纳米”，它的巴西版本“纳米冒险”，或科学博物馆集团的版本“超级细菌”。但一般来说，在某些时候，大多数展览过程都包含挑选一组要展示的器物。有些展览是以实物为导向的（这种情况下我们会围绕实物编一个故事）；其他的是以故事为导向的（这种情况下我们挑选器物以说明预先设定的信息）；大多数实际上是两者的结合。例如，“‘思维缝隙’的展品是被精心挑选的，为了让参观者探索、发现和思考人类在历史上通过不同的大脑路径努力找到答案的不同方式”。[15]

当然，展品并不是孤立展出的，展览过程的大部分是选择附带的图像、影片、模型、互动，尤其是文字。展览标签及附带的详细数字信息旨在将参观者与器物的一个或多个含义联系起来，而编写这些精练的文本极具挑战，也很耗时。一个好的展签像诗歌一样。在几十个字里，博物馆试图涵盖关键的时间、地理信息、功能和履历详情。要将一个科学器物或概念的复杂性表达在适合预期读者的三行文字中，可能需要花费许多个小时，由不同的人进行多次编辑。为了方便那些阅读展签的参观者，以一种清晰而优雅的方式组织文字而不仅仅是简单的技术性描述可能是一种挑战，但也是值得的。用一个特别优雅的展签举例，它介绍了史密森尼学会一个关于基因组的展览：

在你和每一个
生物的内部
都有一整套指示
关于如何成长和生存……

人类基因组是一本由 30 亿部分组成的说明书
用扭曲的梯形分子 DNA 写成
尽管基因组尺寸巨大
但它们折叠起来却如此之小
你体内的每个细胞都可以容纳一个副本[16]

在这个展签中，参观者首先被邀请“见见你的基因组”，然后被引导从宏观转向微观。在一些展签中，提出问题可以带来更为周到的体验。在关于撒谎的展览“扑克脸”（Poker Face）中，旧金山探索馆的展签上写着：“有些人通过观察眼睛判断，另一些人则观察不同的事物。当伴侣在撒谎时，你是如何判断的？”[17]

尽管被精心制作，但很少有游客会阅读每一个标签，而且不同的人有不同的学习风格——体验式、动态式、协作式、沉思式——因此展览制作人也会采用其他策略。例如，可以通过互动和工作模型生成故事、信息和对话。在苏格兰国立博物馆，参观者可以在 20 世纪 50 年代科克罗夫特 – 沃尔顿发电机的高耸部分旁边操纵一台经典的静电发电机。在其他地方，观众可以携带互动展品参观，例如库珀 – 休伊特史密森尼设计博物馆的展览“笔”（The Pen），它允许游客互动并“收集”物品，然后在参观结束后检索它们的相关信息。[18] 像一个绳索轮一样简单，或者像一个飞行模拟器一样复杂，互动在学习体验中牵涉多种感官；它们有能力让博物馆体验成为主动的而非被动的，并且经常包含游戏。

那么，这些物品、文字和互动的总效果是什么？科学展览讲述了什么故事？当然，这很难一概而论，故事和展览一样非常多。科学展览不仅关于科学，还关于文化中的其他元素。在本节剩下的部分中，我想重点关注这一点。最好的展览不仅关于概念，而且关于人。人类的故事帮助我们了解自然界。

真实器物的展示提供了一个器物与制造者或使用者之间联系的纽带。图 73 中这个可能看起来杂乱无章的仪器库实际是回旋加速器的控制面板，在哈佛大学普特南陈列馆展出。这件仪器在经过数十年的实验和升级后，于 2001 年在投入使用的最后一天之后被科学仪器历史收藏馆收集。它包括便条、一堆电缆、临时

图 73　哈佛大学回旋加速器的控制面板。使用者的痕迹很明显——包括左边剪贴板下的一个卷笔刀。

Exradin 186
54.77 cGy/nC
@ STP
ICRU
lipper OUT
STOP

标志、荧光笔，还有一个漂亮的、由螺栓固定的卷笔刀。策展人萨拉·谢克纳（Sara Schechner）尤其对其中的布告板感到满意，在上面，清除有毒汞和血液溢出的指示与餐厅菜单并列。[19] 与“曼尼托巴Ⅱ号”质谱仪（见第二章）一样，这里也是人类工作、互动、思考和打趣的场所（打印件上写着“请记住 / 我不是最好的，因为 / 我是最老的 / 我是最老的 / 因为我是最好的”）。科学是奇特的，科学也是混乱的。

正如制作展览是一项协作性的事业，展览中的科学也是如此，无论是过程还是产品。使用回旋加速器及其相关物件的关键要素是粒子物理学中的团队合作。为了提升展览的关注度和知名度，人们迫切希望将孤独的天才纳入其中是可以理解的。是的，伽利略、达尔文和爱因斯坦将永远受欢迎，但我们还需要其他成员。虽然钟表匠约翰·哈里森在经度的历史中占据着重要地位，但在国家海事博物馆的“船舶、时钟和星星”展中，策展人试图通过纳入参与科学过程的其他人来平衡这一点。[20] 正如在“科学城”展中，策展人纳入了制图员和 18 世纪伦敦咖啡馆里的女性。此外，正如下一章将提醒我们的那样，孤独的天才往往是白人。

提出不同的观点是为了探讨分歧以及团队合作。科学的过程和产品的人性化可以通过科学内部的辩论和社会上关于科学的更广泛争论，在博物馆中生动地表现出来。博物馆应该表明科学家之间和科学界内部（尤其是当代科学）存在着争论和分歧，而科学就是这样发展的。它们还应该表明，科学产品和结果不存在于社会真空中，它们可能会引起争议。因此，当我们在苏格兰国立博物馆开设新的科技展厅时，我们纳入了一些重要但有争议的主题：绵羊多莉代表了克隆技术，而核能则以来自敦雷核电站的控制面板和其他材料来表现，这使我们能够展示对这项技术的不同观点。

一些科技博物馆在解决其计划和展览中的争议方面比其他博物馆更大胆。除了“思维缝隙”之外，挪威科技博物馆还举办过一些具有争议性的展览，主题包括对心理健康的认知和纳粹时期土木工程中的奴隶劳动。这些展览向参观者展示了他们在一座技术博物馆中可能没有想到的令人不安的事实。曼彻斯特科学与工业博物馆名为“纺织品回应”（Textiles Respun）的展览也是如此，关注的是关于纺织品贸易与奴隶制之间的关系。最终，这场展览打算“讲述关于曼彻斯特参与跨大西洋奴隶贸易的更深刻、更多样和更个性化的故事，最重要的是，这反映了该城市的这一部分历史在今天如何继续深刻地影响着黑人的生活”。[21]2020 年，随着“黑人的命也是命”（Black Lives Matter）运动的兴起，这类作品得到了人们的高度关注；但博物馆部门已经认识到了邀请不同声音进入房间的价值。

在下一章中，我们将回到科学藏品与种族之间的关系。在这里，值得注意的是，策展人并不会为了挑衅而使用藏品，而是试图在观众中建立信任感，以便他们能够参与到更有见地的辩论中。正如博物馆顾问伊莱恩·休曼·古里安（Elaine Heumann Gurian）所言，博物馆应该是“不安全想法的安全空间”。[22] 在挑衅和可信的叙述之间取得平衡很难，但值得一试。

科学活动

在下一章中，我们将回到博物馆藏品在科学争论中的作用；同时，让我们继续参与科学活动之旅的下一站。图 74 中这个有趣而复杂的仪器被称为“大太阳系仪”（Grand Orrery），模拟了行星的运动，是剑桥大学惠普尔科学史博物馆的镇馆之宝。惠普尔博物馆隶属于一个学术部门，但在我最后一次看到大太阳系仪的时候，它的观众并不是大学教师，而是一群兴奋的小学生。

罗莎娜·埃文斯（Rosanna Evans）当时是惠普尔博物馆的教育协调员。跟在她身后的是 35 个 9—10 岁的孩子以及 4 位不同种族的老师和家长（图 75），她边走边围绕着展品讲故事，不仅介绍了博物馆中心的大太阳系仪，还一直介绍到了上层展厅中的彩色解剖模型。[23] 她通过讲人物故事将科学带入生活：她向他们介绍了查尔斯·达尔文（Charles Darwin，他们认识他）和天文学家威廉·赫歇尔（William Herschel，他们并不认识他）。学生们聚在一起，看着正在讨论的器物，又迅速转向其他吸引他们注意力的器物。他们提出了一些问题，有些与身边的话题有关，有些

图 74　乔治·亚当斯制作的大太阳系仪在剑桥大学惠普尔科学史博物馆展出。

图 75 惠普尔科学史博物馆里的一个学校参观团，剑桥大学，2015 年。

则无关："老师，为什么行星是以神的名字命名的？"她利用人类故事让他们不仅接触了科学，还接触了地理、英语、艺术，尤其是历史，在更广泛的背景下设置他们的科学课程。他们可能在听，也可能没有听，但他们确实看起来享受其中。

他们的课程是剑桥大学扩大人员参与科学议程的一部分，大约 40 分钟后，学生们被引导到学校的另一部分。罗莎娜的意图（以她的教学技能、专业知识和精力为后盾）是在繁忙的一天里吸引他们的注意力，"以强调我认为对他们来说最激动人心、最有趣的事情，来向他们展示带有剑桥大学气质的事物"。她很了解他们的课程，所以她试着“挑选他们将要看的事物，比如问他们大太阳系仪里缺少哪些行星等”。最重要的是，她很小心地“适应这个群体”。[24]

学生们与这些藏品的接触并不是孤立的，而是对科学、正规教育或其他方面更广泛体验的一段经历。他们还参与其他“专业领域”的科学互动——不仅是回到学校，而且在电视上、书籍里、家庭对话中。通过这些，他们共同构建了自己的意义。[25]在这个互动的生态系统中，器物是博物馆活动的独特卖点。如果该课程是罗莎娜较长时期课程的一部分，这些小学生们将有机会亲身体验一组被称为“操纵藏品”的150多件特别挑选的器物。大多数博物馆都会有这样的资源，有时包括用模型或复制品来代替原件。尽管一些策展人可能会认为这些器物是“牺牲的”藏品，是从永久收藏中丢弃的、货架寿命有限的器物，但教育人员努力维护它们，仔细挑选器物和辅助信息，以实现受众的学习目标。

每周提供3次或更多类似的课程，每年为1500名小学生提供服务；另外有2000人左右独立参观，利用博物馆精心准备的资源以支持教师或学生进行有引导的学习。[26]总体而言，大约10%的科学博物馆游客是有组织的教育团体；在科学博物馆集团的案例中，这类游客每年超过60万人，确保了其作为“英国学校团体首选目的地”的地位。[27]

除了正式的学校课程，博物馆还提供一系列将游客和藏品聚在一起的活动。策展人和教育工作者带着器物或活动计划去学校，例如由苏格兰国家博物馆集团组织的“开启”（Powering Up）计划。正如我们在前一章中所看到的，藏品有时会用于本科生和研究生的教学。对于不同年龄段的观众，博物馆会举办“科学直播”和“曼彻斯特革命”等科学节目，以完美的大肆宣传和充满活力的表演向参观曼彻斯特科学与工业博物馆的游客致意。它们是曼彻斯特科学节或爱丁堡国际科学节等节日的主办者和积极参与者。策展人及其同事会提供主题参观，无论是针对专业团体或是更多的标新立异的活动，如丹麦艺术团体“超柔”（Superflex）的“蟑螂之旅”（Cockroach tours），都是为了让游客通过参与活动了解气候危机问题（图 76）。[28] 相当大比例的科学博物馆游客参与了某种有组织的活动。这里，让我们再另外举两个例子来说明对藏品的使用：无须预约的器物操作互动以及成年人的“对话”活动。与惠普尔博物馆的课程一起，这些都有助于了解参与科学中活动和受众的范围。

一些参观者以团体的形式到来，在有时间限制的活动中体验科学器物。其他人则是临时到访。分布式纳米级非正规科学教育网络计划的关键部分是“纳米”系列活动，不仅涉及磁流体管，还涉及一套纳米纺织品、液晶和纸的巴基球（展示了与巴克敏斯特·富勒的几何结构相呼应的碳的纳米结构）。在一年一度的“纳米日”期间，亲身体验活动工具包（以及支持信息和培训资源）被分发给了 250 家合作博物馆，其中包括不会溢出水的小茶

图 76　不是你通常见到的科学活动：伦敦科学博物馆的“蟑螂之旅”引起了参观者对气候危机的关注。

杯、神秘的磁性液体、红色的金子和看起来隐形的玻璃器物。参观者可以随意进出展览，并以他们在任何展览中都很少能做到的方式来亲身体验科学器物。[29]

一种简单但非常有效的非正式活动的类型是“触摸台”。引导者——无论是策展人、专业人士还是志愿者——都会站在展厅的适当位置，既不太热闹也不太安静。他们把一些可操作藏品放在桌子上或手推车上（在苏格兰国家博物馆集团，我们称之为“火花手推车”），并尽可能让它们看起来是可接近的。有些参观者会毫不犹豫地蜂拥而至，另一些人则会围观一段时间。有些人会立即拿起藏品，另一些人则比较沉默，或者会观看其他人的互动。例如，我的生物医学方面的策展同事索菲娅·戈金斯与教育方面的同事一起设计了一个名为“自己动手的人”的操作箱，她将其提供给苏格兰国立博物馆的参观者（图 77）。它由 7 对器物组成，每对都是一个骨科手术器械匹配一个外观相似的家居用品（骨刷与瓶刷被放在一起；骨科螺钉和木工螺钉一起）。索菲娅使用了一种温和的测验形式——“你能猜出哪个是哪个吗？”通过熟悉的物品吸引那些走近火花手推车的人，然后在他们操作时建立起这些物品与手术的物质文化的连接，并将这种对话与博物馆的历史仪器藏品联系起来。她以这种方式与一系列观众互动，大多是代际团体。成年人表面上扮演着陪同的角色，但实际上他们很感兴趣，并与团体中的年轻成员进行激励性的对话。她围绕这些器物编织故事，关于外科医生及患者。通常，参观者会愿意分

图 77　苏格兰国立博物馆“自己动手的人”火花手推车活动中使用的器物。

享自己的手术经历。

触摸台的各种版本在博物馆中随处可见，这是一种简单但有效的方式，可以刺激各个年龄层的游客围绕藏品进行对话。尽管科学博物馆以吸引青少年而闻名，但它们也寻求通过专门针对成年人的活动而促进对话。这些活动包括“科学咖啡馆”或其他晚间活动，如“最新闻”，通常处理时事或难题。纳米级非正规科学教育网络举办了纳米论坛对话，希望在纳米技术方面的伦理问题登上头条之前解决它们，即“鼓励‘正面回应’而不是强烈抵制”。他们的评估表明，参与者在谈论技术的社会因素时信心更强。[30] 旧金山探索馆定期举办适合成年人的“天黑之后”系列活动，包括“讲座、演示、电影体验、表演、艺术鉴赏和美食品尝……以及 650 个互动展览。性、电影或宣传等主题鼓励人们探索物理学、化学、生物学或心理学”。[31] 尽管在这些活动中藏品的使用各不相同，但就我们的目的而言，它们表明科学博物馆可以成为参与体验、激起争论的场所。

然而，这种非正式计划往往面临重重困难。举一个命运多舛的例子：2003 年，伦敦科学博物馆开设了达纳中心，该中心位于主楼附近，但与主楼分开，专门用于对话活动，即“针对成年人的面对面论坛……让科技专家、社会科学家和决策者与公众讨论当代基于科学的问题”。[32] 活动的目标是与那些众所周知难以接近的 18—45 岁的观众讨论“限制级的科学”。例如，博物馆举办了以气候为主题的活动，并与英国科学协会合作，着手通过每周 3

个晚上、每年 40 周的活动吸引新观众。为此，博物馆提供了喜剧、科学酒吧智力游戏、木偶剧和脱口秀，主题包括气候科学和转基因食品。由于资源需求过高，而参与率低于预期，该中心在 10 年后关闭。然而，与英国和其他地方的其他科学博物馆一样，伦敦科学博物馆确实在不断尝试让成年人参与非正式活动。

数字科学

另一种日益重要的参与模式是围绕科学藏品开展的数字活动和对话。以一场轻松愉快的比赛为例：2017 年 9 月 13 日凌晨 3 点，一位网友在“问策展人”推特活动中提问：“伦敦科学博物馆和英国自然历史博物馆进行对决，谁会获胜？哪些展品 / 物件会帮助你获胜？”[33] 这引发了一场有趣的在线比赛。英国自然历史博物馆回答：“我们有恐龙，没人能够竞争。”然而，伦敦科学博物馆及其在线助手提到了机器人、喷火式战斗机、毒药、人鱼、消防车，还有北极星导弹。在 36 个小时的网帖回复里，自然历史博物馆的斗士还有吸血鱼、蟑螂、美洲狮、老鹰、大象和岩浆。每一个都配有一张引人注目的图片，其中许多包括展览和其他活动的推广。

这个小插曲展示了博物馆和社交媒体的最佳状态：自发的、轻松的和妙趣横生的。博物馆背后的团队利用其独特的卖点、器物，抓住机会宣传博物馆和推广展览。除了上面探讨的展览和讲解之外，社交媒体是观众可以选择与藏品互动的一系列方式之一（在那年9月的那两天，是一种非常流行的方式），此外还有网站、虚拟展厅参观、博客、商店门户、游戏和影片。其中，让我们特别考虑两个：首先，是可能前景并不乐观的藏品数据库；其次，我们将回到社交媒体。

大多数博物馆现在都为其藏品建立了一个在线公共目录（鉴于我们在第三章中了解到的编目积压情况，更确切地说是它们藏品中的一部分）。在过去的二三十年里，它们往往是相当标准的搜索服务功能，有一个简单的关键字搜索和一个更高级的路径，该路径可能包括其他变量，如日期或博物馆收录号。在线公共目录是以图书馆为模板的，但由于没有书目协议和标准化，博物馆目录一直不均衡，彼此脱节。这对少数专家很有帮助，但即便如此，如果他们想要更详细的信息——目录往往缺乏更广泛的故事、背景信息和关联——他们也会倾向于向策展人寻求帮助。

最近，科学博物馆一直在努力思考如何使用户和藏品之间的在线连接更高效、更友好。虽然我们需要对搜索服务功能的实际使用方式进行更多的研究，但似乎尽管有些人会有非常特定的查询意向，而大多数用户更随意。如果这些页面是"新的博物馆入口"，那么它们应该是受欢迎的；因此，一些博物馆正在从严格的搜索转向"丰富的界面"。[34] 搜索框模式不是必然的，它取决于文化；博物馆可能也应该包括浏览和概览服务功能。澳大利亚数字文物倡导者米切尔·怀特劳（Mitchell Whitelaw）认为："关键词搜索过于吝啬，它需要查询，阻碍了探索，保留的比提供的更多。”相反，博物馆应该“为大量的数字藏品提供丰富的、可导航的展示，[这些] 能吸引人们探索并支持浏览”。[35] 博物馆往往拥有比网上可获得的多得多的信息，它们正效仿社交媒体，寻求将文本、图像和多媒体结合起来以逐步完善其在线目录。

在撰写本书时，科学博物馆集团的“搜索我们的藏品”服务功能正朝着这个方向发展。[36] 它简单且明显，便于用户使用，鼓励用户“搜索 > 筛选 > 使用”。该搜索引擎提供对器物、照片和档案的访问，并鼓励浏览搜索页面推荐的主题（医学、铁路、艺术）和亮点（巴贝奇、玩具和游戏、心理测试）。目前，超过一半的藏品有可查阅的记录，尽管它们中只有 10% 有照片。随着“藏品统一”项目全面展开（见第三章），这个数字正在迅速增加。一些精选的藏品，如一台恩尼格玛密码机和斯蒂芬森的机车头“火箭”，不仅有文本和图像，而且有基于现有摄影测量技术的三维渲染。[37] 用户可以旋转它们并访问特定部分的附加数据；这似乎是一种非常吸引人的与藏品互动的方式，虽然这些尝试已经有几年了，但它们仍然很罕见，并且有些落后。然而如果博物馆能够确定谁会使用它们以及为什么使用它们，这种方式可能会变得更多。

不论是三维还是二维，信息都是从博物馆到用户的单向传递；这是一种广播模式，而不是对话的机会。到目前为止，缺少的环节是一个参与式界面，允许外部用户以可靠和有意义的方式完善藏品的信息。科学博物馆集团的数字总监约翰·斯塔克（John Stack）认为：“转录、添加关键词、分类等功能［不仅］能让人们更深入地了解藏品，也为增进人们对藏品的接触和了解作出了宝贵贡献。然而，博物馆必须准备好与参与此类项目的人互动，并将新的视角重新纳入机构中。”[38]咨询和联合制作对展览很重要，对数字活动同样重要，甚至更为重要。我们需要的是在同行审查的严格性和维基众包的滥用自由之间的某种事物，这将允许博物馆数字团队利用与藏品相关的专业知识，去鼓励参与，而不损害信誉。毕竟，这是博物馆几十年来一直在做的事情：获取来访研究人员或远程查询人员提供的新信息和解释（见第三章），并将其添加到目录中。在线界面有可能让用户参与到科学中，并对藏品产生持久影响。

无论藏品被怎样呈现，无论界面多么丰富，通过在线目录去接触藏品的客流量都相对较少——尽管这些访问者的质量较高。社交媒体渠道有能力吸引更多的用户。博物馆利用这些渠道来推动人们参与活动和展览。例如，回到2014年10月，女王伊丽莎白二世在伦敦科学博物馆举办的“信息时代”展览开幕式上发布了她的第一条推特，这在某种程度上是一条营销的妙计。这是不是她自己写的并不特别重要，但博物馆能够将其与她以前采用的技术联系起来：第一次电视广播、第一封电子邮件等。5年后，她又在伦敦科学博物馆发送了她的照片墙账户上的第一张照片，这一次是为了宣传密码学展览“绝对机密”（Top Secret）。[39]

并非所有社交媒体活动都涉及王室成员。参观者喜欢发布博物馆藏品的照片，更喜欢发布自己与博物馆藏品的合照。这位精明的展览制作人在展厅周围布置了自拍场景。但我们将重点讨论博物馆应该做些什么来与它们的藏品联系起来。为此，请思考一个在第一太空时代的引人注目的器物，即使是脱离了背景资料，人们也对它异常熟悉。2019 年，这台咖啡机（图 78）在围绕着德意志博物馆“咖啡世界”特别展览的社交媒体活动中亮相。这张图片表明了博物馆使用社交媒体将在线观众与技术器物联系起

图 78　La Cornuta 咖啡机是德意志博物馆“咖啡世界”展览中的主角。发布在德意志博物馆的照片墙信息流上。

来的方式：简单、亮眼、有效。在撰写本书时，大多数博物馆都使用这样的渠道，包括推特、脸书和照片墙。它们还没有普遍使用短视频平台抖音海外版。抖音海外版对 13—21 岁的人群极具吸引力，这正是博物馆试图通过社交媒体去吸引的更年轻的观众（如果推特和脸书的老用户群不再那么年轻的话）。除了使得博物馆能够迅速行动并做出响应外，社交媒体还使得博物馆可以与年轻人和其他不实地参观的人群进行交流。

为了了解 2010 年代末科学博物馆的社交媒体活动，我进行了深入研究，收集了欧洲和北美 5 家博物馆通过 5 个渠道发布的 5 条最新帖子。[40] 其中伦敦科学博物馆最受欢迎，拥有 67 万推特粉丝；其他博物馆在推特、脸书和照片墙上吸引了数万名用户，而视频平台油管（YouTube）上的订阅者只有几千人。很明显，许多网络冲浪者并没有注册为粉丝，所以总体范围将比这更大。一般来说，自然历史更受欢迎，但工程、物理和天文学在视觉频道中也很受欢迎。[41] 在我的样本中，超过一半的社交媒体帖子都包含了宣传元素，其中包括宣传像“咖啡世界”等展览的帖子，但更多的帖子与博物馆现场安排的活动有关。这些活动还以记录的形式进行回顾式报道，这是旧金山探索馆的一种流行做法，与伦敦的英国皇家研究院极为流行的做法相呼应。如“脸书直播”和推特上的“问策展人”等专门的社交媒体活动将博物馆的专业知识和器物与观众联系起来。除了为博物馆里不常听到的声音提供一个渠道外，在这些论坛上，策展人能够用自己的声音说话：

这是一个重要的好处，我将在下面讨论。

也许出人意料，历史纪念日是一种常见的参与方式：尤其是“阿波罗 11 号”登月 50 周年纪念。这一时期的“历史上的今天”（#onthisday）活动还包括第一部苹果手机、各种诞辰日和第一次横跨大西洋飞行。“历史上的今天”的帖子为博物馆展示自己的藏品提供了一个很好的借口，无论是档案图片还是器物。例如，苏格兰国家博物馆集团通过在照片墙上发布苏格兰物理学家詹姆斯·克拉克·麦克斯韦的热力学活动的三维图（图 79）来纪念他的诞生。与咖啡机一样，这个模型引人注目，与众不同，并引发了更多的提问。这是博物馆频道处于最佳状态的时候。加拿大科技博物馆大多数日子都会发布其藏品的一张图片，越模糊越好。并不是所有的都很受欢迎（比如一个墨水瓶），但是，这种实践是一种很好的方式，可以提供稳定的与藏品互动的客流量，并激发讨论和好奇心。

在我进行深入的数字研究后不久，博物馆关闭了一段时间，以保护参观者和工作人员免受新冠病毒的影响，而虚拟参与藏品互动的重要性就彻底显现出来。例如，旧金山探索馆的“天黑之后”现在已经上线。疫情封锁期间的一些数字对话是很轻松愉快的，包括由约克郡博物馆（Yorkshire Museum）引发的推特系列“策展人之战”，都是利用了和前文所述的争论同样的吸引力。例如，惠普尔博物馆在“假货和赝品”日发布了一个相当壮观的 16 世纪银制地球仪，吸引用户围绕伪造的科学仪器进行策展

图 79　詹姆斯·克拉克·麦克斯韦根据约西亚·吉布斯（Josiah Gibbs）方程建立的热力学模型，英国剑桥，约 1875 年。发布在苏格兰国家博物馆集团照片墙信息流上，以纪念麦克斯韦的诞生。

研究。[42] 随着人们待在家里寻找不同的方式参与文化活动，展厅的虚拟参观变得越来越流行。“历史上的今天”的推特的频率越来越高，尽管很少有博物馆工作人员可以在远程工作期间接近藏品，但他们充分利用了现有的实物照片。更重要的是，其他的数字活动为大幅增加的家庭教育需求提供了参与科学的资源，比如“自己动手实验”，又如英国皇家医师学院受其藏品启发的关于如何制作解剖模型的指导。[43] 博物馆积极主动地消除有关新冠病毒的错误信息，宣传有关待在家里和戴口罩的公共卫生信息。

然而，2020 年的疫情封锁向博物馆展示了许多人已经知道的事情：社交媒体更适合个人而不是机构。参观者确实会使用这些渠道进行回应，但很少会产生有意义的对话，在大多数情况下，在撰写本书时，许多博物馆在这些互动渠道上使用的策略与在其他较慢的媒体上使用的相同。个别文化批评家和科学工作者拥有更多的粉丝。2013 年，博物馆志愿者艾米莉·格拉斯利（Emily Graslie）在油管上开设了一个名为“大脑独家新闻”的频道，介绍自然历史类收藏品；芝加哥的菲尔德自然史博物馆（Field Museum）之后聘请了她，她担任该频道的主持人，直到 2021 年；自始至终，这一频道都带有她强烈的个人风格，在受欢迎程度上远远超过这里讨论的任何机构。[44] 个别科技策展人也能吸引大批追随者，他们可以快速回应并经常用器物来吸引人；但他们倾向于宣称他们的观点不代表他们的机构。正如克里斯滕·赖利（Kirsten Riley）在担任伦敦交通博物馆（London Transportation

Museum）社交媒体管理者时所反映的那样，“我们使用的文字是我们个性的展现，所以我不可能不让它表现出来”。[45] 然而，归根结底，这些是“我们”而不是“我”的媒体，如何平衡这些频道处于最佳状态时所表现出来的无所顾忌和幽默，与维护参观者所看重的权威和可信性是一个挑战。

参与科学可以在社交媒体上做得很好，也可以很受欢迎：在撰写本书时，小组“我太爱科学了”在脸书上拥有 2500 万粉丝。科学博物馆尚未利用这一点。它们在追求质量而非数量时表现出色，并利用简单但有效的多媒体，尤其是发布优雅的单个器物图片时，就像加拿大科技博物馆所做的那样。与博物馆互动的其他领域一样，了解用户喜欢什么和博物馆想要实现什么之间的甜蜜点至关重要，因为博物馆试图用科学的社会和文化元素将观众联系起来，无论是过去还是现在，都以藏品作为连接。

科学体验

将数字活动与我们之前探讨的活动和展览联系起来的是它们都希望将博物馆藏品与其观众联系起来。在总结之前，让我们翻转镜头，从观众的角度考虑与藏品相遇。这会给他们带来什么样的体验？

想想上文提到的“寄生虫：生存之战”展览（图 80）。2 月的一天，苏格兰国立博物馆在爱丁堡举办了一场“科学星期六”

图 80　2019 年，游客参与到苏格兰国立博物馆的“寄生虫：生存之战”展览中。

的展览。在展览中，一个男人带着两个小男孩在其中闲逛，看起来像是一家人。许多参观者走进这样一个展览是因为他们碰巧路过，或者他们想在博物馆中度过愉快的一天，这几个人来参观这个展览似乎有明确的目标。他们在展览中花了 9 分钟：这在当天算较长的参观时间，但比平均停留时间要短。这名男子是一名科学家，他显然试图以此为契机来提升孩子的科学意识。他停在邓迪大学的研究人员用来寻找抗疟疾药物的液体处理机器人旁边，热情地谈论起来。男孩们几乎没有注意到自动移液设备的乐趣，也没有注意到附近为参观者设置的显微镜，以便他们观察蚊子的特写。他们四处闲逛去收集“制造寄生虫”的印章，这是展览中最受欢迎的元素，他们显然也很喜欢。然而，这三人确实重新聚在一起玩了一个数字药物发现的互动游戏。[46]

这只是每天通过现场和在线的科学藏品产生的数百万体验之一。正如数字理论家简·基德（Jenny Kidd）提醒我们的那样，线上/线下的区别不再有助于理解前端博物馆体验：

> 假如从［评论网站］猫途鹰开始，进入博物馆官网的“正在展出”页面，接收推特的信息流，观看纪录片或阅读书籍，到达实体博物馆，在脸书上签到，听语音导览，跟随现场地图或小册子，发布他们的博物馆自拍，并可能随时咨询维基百科或谷歌等在线资源。对许多参观者来说，实体博物馆的参观很少是完全离线的，就像在线参观并没有脱离实体一样。[47]

不管是混合式参观或其他方式，都很难概括对藏品的体验；但无论如何，我将尝试给出 4 个较宽泛的观察结果。[48]

第一，重要的是要认识到，对于“寄生虫”和其他展览、临时活动和博物馆社交媒体渠道，参观者往往会在没有明确目标的情况下闲逛。他们很少会阅读展签；很少在某片区域内长时间停留；平均停留时间较短。他们会随意浏览展品和网页，当被某件物品吸引时就会停下来。第二，如果有引导者参与进来，像“寄生虫”参观者发现的那样，这会对体验产生重大影响。更广泛地说，我们自始至终都看到博物馆体验是由人塑造的：不仅是由策展人塑造的，还有教育者、引导者、推特用户，或某个团队或网络的其他成员，无论是非正式的、多代际的，还是有组织的课程或游览。科学博物馆是社会互动的场所，实际上并不总是与科学有关。[49]第三，我们确实了解了关于科学博物馆参观者的一些事：他们喜欢按按钮。现场参观博物馆是一种多感官体验，有诱人的触觉、视觉刺激，环境嘈杂，充满交谈，在工业历史展区，有时气味相当难闻（德意志博物馆的“咖啡世界”散发着阵阵咖啡香气，而不是通常的油和锈味）。

第四，与藏品的邂逅可能是情绪化的。两位科学传播者对科学博物馆的体验进行了长期研究，得出的结论是，参观“有时充满激情，有时令人困惑；其他时间则令人着迷和不安”。[50]器物往往是情感体验的核心。波士顿科学博物馆的电力剧院使用了一个历史悠久的法拉第线圈和一个 1933 年的巨型范德格拉夫发电机，令人惊叹。我们在书的开篇遇到的铜制加速腔很漂亮。怀旧可能源于特定时间的某个器物——例如，如果你看到自己在特定时期曾使用的手机——尤其是它们的使用（和滥用）痕迹。[51]参观者的反应可以是发自内心的，尤其是在看人体展示的时候。“哦，我的天哪！”当我探索伦敦科学博物馆的医学展厅时，一位游客上气不接下气地说。[52]武器并不是唯一令人恐惧的技术（我发现“思维缝隙”尤其令人不安）。参观者还会感到自豪，例如对于国家成就：莫斯科工业技术博物馆庆祝 1957 年的“斯普特尼克 1 号”，而史密森尼学会喜欢关注“阿波罗 11 号”。（科学博物馆不是中立的，正如我们将在下一章中发现的那样。）

许多人甚至觉得参观博物馆很愉快。我们不需要探究“寓教于乐”的隐晦深度，就可以接受科学博物馆是有趣的。它既不是一个剧院，也不是一个有着隐含行为准则和需要保持安静的美术馆。对于那些为接受正规教育而来参观的人来说，博物馆比通常的学校日或课程更有趣；对于其他人，他们通常选择参观展厅或浏览网站。他们把与科学器物相遇作为放松、娱乐和社会体验的一部分。器物可以促进真正的快乐。“你最喜欢的器物是什么？”我的一位朋友“P”在参观亨利·福特美国创新博物馆之后问他 11 岁的儿子“F”，这引发了一场许多人都熟悉的对话：

F：热狗车［1952 年的“维纳莫比尔”（Wienermobile，图 81）］。

P：你为什么喜欢它？

F：这是什么问题？这是一辆热狗车。还有什么能这样引起我的注意？那东西太美了……它美妙动人，还是一个热狗。

P：你能详细解释一下吗（P 是一名学者）？

F：这是一辆热狗车！不需要再详细解释了！你可以开，我也喜欢它！[53]

更重要的是，对藏品的反应可能与建筑、团体的规模、无线网络、天气、餐饮质量等有关。参观者自行制定路线和时间表，并决定他们将要关注哪些方面：他们带着自己的专业知识、经验和动机来到博物馆或网站。他们根据自己的体验构建自己的意义。[54]

这些行为和体验有时与博物馆工作人员的意图相重叠。具体来说，许多科学藏品管理者的目标是提高科学素养。[55]这一理念包含对科学概念的认识，对使用科学术语的信心，以及对媒体和其他信息来源展现的科学提出质疑和挑战的能力。我们再一次遇到这个问题：围绕科学藏品的活动具有深刻的政治性。在许多国家，政府支持提高科学素养的努力，以发展科学、技术、工程和数学教育的技能，实现工业和经济效益。撇开这种方法的利弊不谈，科学素养的概念存在问题。这是基于“科学是生活和社会的独特部分”这一假设，与科学博物馆集团和伦敦国王学院合作的学者试图解决这一问题，他们的目标是以更广泛的“科学资本”概念来取而代之。这是借用社会学家皮埃尔·布迪厄（Pierre Bourdieu）的“文化资本”概念——暗指个人在社会中配置的无形社会资产：源自教育和职位的技能和行为。他们认为：

> 科学资本是一个“大旅行袋”（图 82），包含你在生活中获得的所有与科学相关的知识、态度、经验和资源。包括你

图 81　科学的乐趣：亨利 · 福特美国创新博物馆的热狗车。

图 82　科学资本是一个“大旅行袋”。

> 知道什么是科学，你如何看待科学（你的态度和性格），你认识的人（例如，如果你的父母对科学非常感兴趣），以及你每天都在从事什么样的与科学有关的活动。[56]

对于博物馆来说，寻求对游客体验中如此深刻的元素产生影响似乎是雄心勃勃的。如何衡量这些态度的所有变化？

事实上，博物馆是如何衡量科学藏品的影响的？让我们通过考虑博物馆的一个被忽视的功能来结束对参观者的简短反思：评估用户体验。我们在前一章讨论博物馆研究时，经常会忘记这一点。苏格兰国立博物馆“寄生虫”展览的目标观众的形成性评价在展览开幕前几个月就开始了。我们希望通过问卷调查、讨论和小组活动，了解观众对科学的认识、态度和兴趣在项目中是如何变化的。策展人索菲娅·戈金斯和教育人员莎拉·考伊（Sarah Cowie）要求学生们根据自己对科学的喜爱程度排成一行。观展前，他们都站在消极的一边；到结束时，他们中的一些人站到了中间位置。这就是成功的样子。

展览和活动之前、期间和之后的其他评估方法包括焦点小组、便笺本、观察和参观者访谈；数字团队同样使用定性方法和调查，并查看统计数据和参与程度。在任何一种渠道中，评估者都需要为自己和用户群体提出明确的问题。例如，纳米级非正规科学教育的团队想知道科学展览如何与日常生活相关，特别是参观者如何利用展览“了解纳米技术与他们生活的相关性”，而他们使用参观者谈论内容的视频和音频记录来判断这一点。[57] 对于“纳米”和“寄生虫”展览，博物馆都想知道，我们是否已经将参观者的注意力转向科学？是否提高了他们的科学素养？

注意力转移的一部分挑战是，不管从事科学或相关工作的人会如何感受，但至少在英国，最近的数据表明，公众对科学的态度已经相当积极：关于公众对科学态度的调查发现，大多数受访者认为科学很重要，希望了解更多。[58] 科学博物馆是继续学习的好地方。我们知道，像苏格兰国家博物馆集团的“开启”工作坊这样的有效展览和活动的参与者，很可能会再次参观，甚至更有可能在他们下一阶段的教育中选择科学。人们可以从堆积如山的数据中（其中大部分与噪声或缺乏功能性厕所有关）得出一些宝贵的信息。“科学星期六”的一位年轻参观者回答：“我认为博物馆需要兼顾向前看和向后看才能吸引人。”另一个人说道：“我以为博物馆只是关于古老的器物的，但这样更酷。”这就是我们感到高兴的地方。关于女性参与科学的关键问题，我很高兴看到“寄生虫”展览设计过程中的一位参与者透露，他们现在意识到“科学家没有特定的性别”。[59]

器物的作用并不总是显而易见的。德意志博物馆的研究人员发现，科学器物“具有高度的吸引力和支撑力”，它们“可能引发参观者之间的关于意义建构的交流”。有趣的是，人们发现它们的真实性并不像其物性的其他元素那么重要（例如外观、稀有性或功能性）。[60] 如果我们的目标是提高科学素养或扩大科学资本，那么我们似乎正在取得成功。展览、大型活动和其他活动确实可以让参观者对科学产生兴趣。但正如我们所看到的，科学藏品激发了丰富的体验，这不仅包括学习、认识和态度的变化，还包括更多。无论科学器物是否影响个人的科学素养，器物的体验都是广泛的、多样的和多感官的，并且常常与乐趣和知识相关。

科学的乐趣

科学器物的乐趣将我们带回到磁流体（图 66）。它是奇特的，令人惊讶的，不寻常的。“纳米”的参观者将其视为多感官社交体验的一部分。惠普尔博物馆里的小学生们玩得很开心，正如在火花手推车上接触手术操作箱的孩子和成年人，以及在推特上参与“策展人之战”的网友。显然，科学器物刺激了一种不完全与科学有关的参与体验。那么，如果科学给所有年龄段的用户带来的乐趣是本章传达的一条信息，那么另一条信息重申了我们在本书其他部分的发现：科学是一种文化活动，植根于我们所做的其他事情之中。“这一点需要强烈地、经常性地肯定，”伦敦科学博物馆认为，“因为文化经常被等同于视觉和表演艺术，以及文学……科学不应被视为文化议程中的事后思考（反之亦然）。”[61] 正如我们所看到的那样，最好的科学展览对人与科学原理同样看重，科学器物可以作为引子去探索科学的社会、动态和文化元素。科学是一种偶然的、混乱的、有时有争议的活动。

这就是科学博物馆如何利用器物吸引他们想要吸引的游客，并在呆板的和空洞的理念、令人厌烦的和肤浅的事物之间开辟一条航道，使展览变得令人着迷、有参与感。因为任何参与科学的专业人士都知道，将一个技术器物的深奥元素作为体验的一部分呈现给广大观众，并不是稀释科学的事例。为可能吸引广泛人群的科学器物打造意义是值得的。与科学博物馆的产品一样，科学博物馆的用户也是多种多样的。一些用户有目的地学习更多知识，以增强自己的科学资本；更多的用户是出于偶然的好奇心，或想收获有趣的一日游。每天都有数以百万计的人在博物馆里或通过博物馆遇到科学器物，他们中的许多人很年轻，但并非全部；他们中的许多人以前就对科学感兴趣，但并非全部。在很大程度上，这种体验是愉快的，但转瞬即逝：浏览照片墙，在展览中漫步，在活动中尝试一些事物。

最好的科学展览、活动或网络推文可以激发用户对器物的好奇心，并鼓励主动学习、互动、提问和进一步探究，而不是被动地消费传达给他们的信息。一件器物可能有很多要讲的故事和意义，参观者、引导者以及博物馆之间的协作共同构成了公众的理解。参观者不是白纸一张，而是带着自己的专业知识、经验和动机来到博物馆或网站的。因此，科学器物包含了意义建构，而不是简单地传递知识。博物馆是一个不同的人可以聚集在一起谈论物质文化和科学的地方。这就是人类学家所说的“接触区域”，在这个区域中，实物促进了不同群体在相互信任的空间中的交流。[62]纳米级非正规科学教育的一位成员写道："科学博物馆是召集者和群体聚集的地方，一些博物馆正在创建成功的教育论坛和活动，将科学家、公民领袖、决策者和公众聚集在一起，在一个中立的环境中共同学习。"[63]精明的展览制作人或照片墙的摄影师的目标并不是吸引一个庞大而单一的、以教育为导向的"公众"，而是像莎伦·麦夏兰所建议的那样，参观者"被更民主地定义为一个潜在的知情者、一个同事，而不是一个被动的权威主体"。[64]像磁流体这样的物体传递了这种合作，传递了科学的乐趣。

第五章

利用藏品开展的运动

图 83 中这辆外表凹凸不平的德国拖拉机由兰兹公司在 1921 年制造，由于气缸盖的特殊比例，它又被称为“斗牛犬”，这是一件有着奇怪外表的博物馆藏品。[1] 这台 12 马力的拖拉机是世界上第一台以原油为动力的拖拉机，曾经在德意志博物馆古老的谷仓式“农业和食品技术”展厅中作为一个“传奇”占据着首要地位。在那里，作为一系列更为传统的农用车辆的一部分，它讲述了农业对日常生活的影响。像展厅里的其他 1.1 万件器物一样，它离开了原来的位置，为博物馆的大规模重新开发做准备。5 名技术人员悉心地将它清理和翻新，准备把它迁入新家。尽管装有全新的轮胎，他们还是用滑板推着重达 2050 公斤的拖拉机；占其 205 厘米高度大部分的垂直排气管把展厅的门框蹭掉了几毫米。

斗牛犬拖拉机有助于概括科学博物馆的最后一个特征，这一特征在前几章中一直潜藏着：尽管科学博物馆主张中立，但实际上它们并非如此。在离开旧展厅和开辟新天地之间，拖拉机不太可能成为“欢迎来到人类世”（Welcome to the Anthropocene）这

图 83　兰兹公司 1921 年设计的斗牛犬 HL 12 型拖拉机，在德意志博物馆的工作室中，为其在新永久展厅中的首次亮相做准备。

一新颖的且极具政治色彩的展览的中心。探究人类引起的快速气候变化的原因和影响，是科学博物馆可以利用其藏品和活动来解决的一系列重要、适时的问题之一。科学博物馆应该是政治性的，利用其丰富的物质记忆和相当高的信誉来为公益事业开展运动。斗牛犬拖拉机将引发我们讨论如何利用科学藏品来应对气候危机。然后，我们将继续讨论另外两个长期重要的问题：错误信息与人权。和以往一样，其他器物也会出现：一架老式相机、一个假肢、一些工程工具和一辆简陋的脚踏车。每一件器物都被用来倡导参观者去改变他们的态度和行为。

并非所有人都同意这种方法。具有讽刺意味的是，德意志博物馆在其出版的刊物《价值观》（*Werte*）中表示，它“中立、独立，并秉承良好的科学实践的原则”。[2]但我认为，博物馆可能是独立的，但它不是中立的。博物馆是，而且一直是，深刻的政治实体。博物馆反映了它们建立的环境（从帝国时期的德国到反主流文化的加利福尼亚州），并且从那时起就一直受到政治风气的影响（从维多利亚时代推动工人阶级进步到“冷战”时期的宣传）。如果我们接受科学收藏一直具有政治性这一事实，我们就可以更好地利用科学收藏，而不必笨拙地将所有博物馆活动都指认为权力的行使。这种非中立性具有巨大的潜力。一般来说，博物馆，特别是科学博物馆，有一个优势，就是它们比大多数其他媒体更受信任。[3]参观者尊重策展人的专业知识，而物质文化为他们的信息注入了可信度。它们是“不安全想法的安全场所”，各方利益相关者都重视这一点。科学博物馆可以成为强有力的倡导者。[4]

利用这种信誉来支持特定的事业在博物馆行业内部仍存在一些阻力。例如，一位科学中心的专业人士认为，“我们不应该成为社会运动组织……我们应该遵守科学的原则”。[5]在光谱的另一端，其他人则会采取更为积极主动的立场，利用藏品支持全力以赴的行动主义。例如，在引人注目的“气候”（Klima X）展览中，整个展厅处于被水淹的状态，参观者需要穿着橡胶靴参观，以此倡导人们采取行动应对气候危机。[6]行动主义者认为，博物馆应该直接激励参观者去采取行动，指示他们应该做什么。然而，虽然一些工作人员是行动主义者，但将科学藏品用于倡导宣传显然更为切实可行，也更为恰当。这将涉及分享藏品和信息，以激发对某个问题的对话和思考，并强烈建议用户为他们的选择采取行动。[7]倡导式博物馆会确定一个问题并支持一项事业，但随后是邀请而不是要求。理想情况下，这不会疏远那些在任何特定问题上坚定地站在对立阵营中的人，而是利用藏品作为一个渠道，将博物馆打造为一个安全的辩论空间。

科学博物馆需要走一条介于虚假中立和极端行动主义之间的道路。务实和精明谨慎将使它们能够去争取特定的、相关的、重要的和适时的事业。因此，本章揭示了一些至关重要的事情：科学藏品非常适合解决当前的重大、深层的政治问题。我们无疑要从人类面临的最深刻的挑战开始：因人类活动而导致的气候和环境变化的速度。

运动与气候紧急状态

现在，“气候紧急状态”被越来越多地提及，近几十年来平均气温的上升正在导致海平面上升、极端天气（一些地方发洪水，其他地方出现荒漠化），以及随之而来的对人类经济、社会和健康的影响，更不用说其他物种的大规模灭绝。阻止这种快速的温度变化和环境退化需要政府、企业和个人大规模的行为改变。一些人将受到抗议团体（如环保组织“反抗灭绝”）的直接行动主义的影响，其他人对信息、证据和提倡的响应较好，还有一些人仍然对这个问题漠不关心。然而，美国的市场研究表明，参观者认为文化机构应该建议要采取的行动，这是倡导式博物馆的关键作用。[8] 策展人可以利用他们已建立的信誉和权威，在安全的空间向使用者提问，并最终影响行为方式，鼓励观众从冷漠转向行动。

在科学博物馆的规划和活动中，它们尤其可以利用在科学、技术、工程和数学教育生态系统中的地位。举一个生动的例子，富兰克林研究所和纽约科学馆在气候与城市系统伙伴关系网络中发挥了主导作用，它们与社区团体一起，重点关注美国 4 个城市应对气候变化的地方举措。[9] 博物馆作为网络的中心，提供科学、技术、工程和数学活动，并触及那些无法被节日、社交媒体和学校课程所吸引的观众。其他博物馆也利用社交媒体在了解和宣传气候变化方面取得了良好效果。在加拿大，加拿大国立科技博物馆团体推广在家学习科学、技术、工程和数学的活动，比如贝壳酸化实验，该实验证明了气候变化如何促使二氧化碳增加，从而影响海洋。加拿大国立科技博物馆团体还有一个视觉和数字巡回展览，名为“气候变化已经到来”（Climate Change is Here），展示了大规模工业对环境影响的引人注目的照片，以及可能降低这些风险的技术。

当博物馆在展览和活动中使用它们的藏品来证明气候变化的原因和影响时，它们就体现了自身的长处。[10] 自然历史博物馆可以发挥明确的作用，展示人类活动对生物多样性的影响；科技博物馆可以与它们合作，展示生态平衡中的人类活动。物质文化可以把模糊的、全球性的事物变为地方性的、有形的事物。例如，默奇森石油平台上使用的火炬尖，其烟雾般的绿锈与附近存放的风力涡轮机叶片的干净线条形成鲜明对比，使观众对北海石油和天然气行业的巨大规模产生了深刻印象（见第三章）。在批评与能源巨头合作的文化组织时，“反抗灭绝”抗议者的一条口头禅是，化石燃料的开采只能作为历史文物放在博物馆里，这个火炬尖就是。

再次回到加拿大，科技博物馆将历史和当代仪器用于其解决气候科学问题的“从地球到我们”（From Earth to Us）展厅中，将加拿大人经历的气候变化与加拿大能源行业的历史并列展示：

你可以在虚拟矿井中漫步，了解鼓舞人心的女性矿工，

> 并探索过去、当前和未来的采矿技术。穿过一条能源街，在那里你可以建造一座水电站，并操作一座核聚变反应堆。然后，花几分钟参观冰川——一个沉思的空间，在那里你会听到那些亲历气候变化的人们的声音。[11]

其他科学博物馆也寻求利用互动性吸引游客感受全球变暖。位于斯德哥尔摩的瑞典国家科学技术博物馆（Tekniska Museet）利用其强大的能源藏品优势，在临时展览“能源游戏”（Spelet om energin）中让年轻游客体验了他们的生活方式选择，以了解能源使用的影响。在苏格兰国立博物馆，我们将能源供应的历史形式与“提供能源”（Energise）展厅中的数字互动并列，邀请参观者去平衡不同的能源，并强调复杂的能源市场以及每种能源的优缺点。

兰兹斗牛犬拖拉机是德意志博物馆“欢迎来到人类世”展览中的展品之一。“人类世”指的是由地球上的人类活动引发的新地质时代，这个展览是对这一概念富有想象力的呈现，采取了一种宽泛的、理智的方法，引发思考而不是坚持行动。这台拖拉机位于1450平方米展览的中心，作为一个引子来促进对20世纪工业化农业的收益和成本的反思。作为“人类世道路上的几个杰出技术的里程碑”之一，它被看作耗油拖拉机“引领机械化”的先驱，其笨重的外表有力地提醒我们技术的挑战和机遇，以及技术系统的相互关联性。[12]与当代气候科学仪器和展出的其他器物一样，它以特定的、具体的方式强调了有多少人类活动的领域导致了环境的退化。拖拉机骄傲地屹立在“人类世物品墙”（图 84）中，那里有“轻巧的，纸质的……结构脆弱的墙体，有着手写的展签以便于修改，旨在表现花园中新机器的野蛮性和人类世辩论的开放性”。[13] 这充分利用了技术藏品的独特优势，提醒人们注意“技术的矛盾角色，它导致了许多问题，但也提供了可能的解决方案，以及通过技术调节人类与自然的关系”。[14]

为与其咯吱作响的中心展品相配合，“欢迎来到人类世”的策展人将其定位为“慢媒体”。在展览的最后一节，参观者被邀请在展览中种植纸花，这是一种强调参观者选择能力的象征性行为。然后，策展人定期采集这些纸花和写在上面的评论。“我们未来应该做什么，或者在花上写些什么，都是开放的。”策展人尼娜·默勒斯（Nina Möllers）写道：“正如人类世本身一样，展览的参观者决定他们将如何参与讨论。”[15] 博物馆抵抗住了布道的冲动，取而代之的是成为一个反思的场所。默勒斯希望：

> 在人类世中，博物馆不能（也许不再应该）提供这种确定性的保证。相反，博物馆应该是一个反思、讨论、协商甚至争议的论坛。尤其是科学技术博物馆，不能再假装对知识进行认证，公众也不能再继续期望这样。博物馆和展览所能完成的，并且应该被公众所呼吁做的，就是创造空间来自由思考，在那里参观者有机会做出自己的决定。[16]

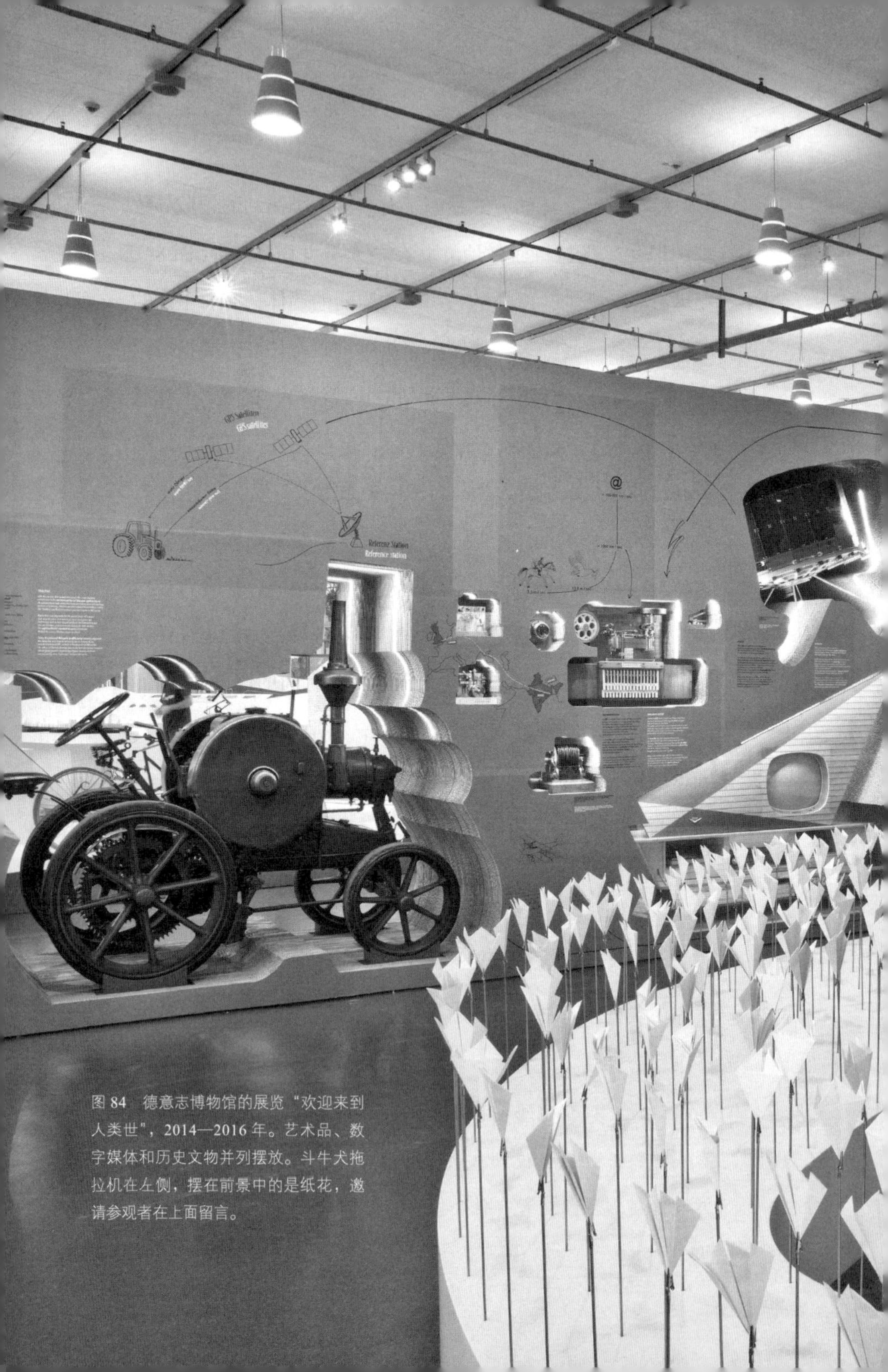

图 84　德意志博物馆的展览“欢迎来到人类世”，2014—2016 年。艺术品、数字媒体和历史文物并列摆放。斗牛犬拖拉机在左侧，摆在前景中的是纸花，邀请参观者在上面留言。

观众有机会表达自己的感悟并得出自己的结论，基于我们对这个星球影响的确凿的物质证据，无论是个人的还是整体的，历史上的还是现在的。斗牛犬拖拉机“被选来承载整个人类时代的重量”。[17]

“欢迎来到人类世”在展览期间吸引了近 20 万人次的参观。伦敦科学博物馆报告称，超过 500 万人参观了其气候科学展厅“大气”（图 85），并希望吸引多达 70 万人次参观其碳捕获展览。伦敦科学博物馆已经触及这个话题，这种量化的参与也与它的质量是相匹配的。美国的一项对 2000 多名成年人进行的研究表明，博物馆参观者比不参观的人更可能了解气候变化；几乎所有的参观者都相信气候变化正在发生；相较于不参观的人，更多的参观者认为气候变化是由人类引起的；与 14% 的全国平均水平相比，45% 的经常访问科学博物馆和科学中心的参观者对此感到担忧。[18] 更重要的是，当他们离开博物馆时，他们感觉自己可以做点什么。这项研究的作者认为，这要归功于博物馆建立的信任。博物馆学家罗伯特·简斯（Robert Janes）认为，凭借它们沉稳的权威性，“博物馆是唯一有资格为气候变化问题作出贡献的机构，因为博物馆是历史意识、地域感、长期管理、知识基础、公众可及性和前所未有的公众信任的独特的结合体”。[19]

然而，如果它们的影响力是一个机会，那么资源就是一项挑战。由于公共资金有限，科学博物馆（与其他文化组织一样）必须寻求其他方面的支持，尤其是为其项目和展览；而这个话题吸

图 85　伦敦科学博物馆 2010 年建立的永久展厅“大气”。

引了被许多人认为是有问题的能源行业的赞助者。在“艺术不是石油”和“文化未染”等团体的共同压力下，虽然大英博物馆和其他机构没有重新获得来自上述来源的展览赞助，但科学博物馆集团继续与英国石油公司和挪威国家石油公司（图 86）合作，并在壳牌公司的赞助下举办了一场碳捕获和储存的展览，名为“我们的未来星球”。[20] 尽管有人指责该集团“美化”了这些公司的声誉，但与它们合作还是有好处的。科学博物馆在这方面与其他博物馆不同，因为它们收集并代表了石油产业及其历史。正如我们在第三章中发现的那样，博物馆可以从这些组织中获取重要物

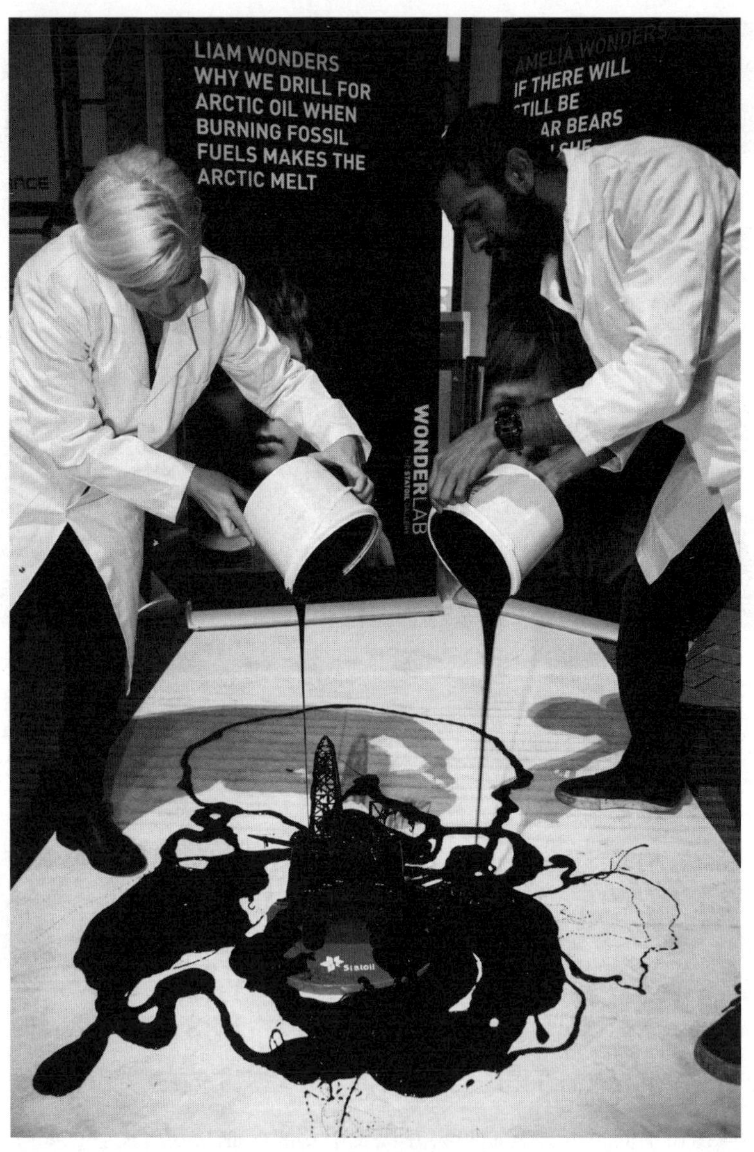

图 86　2016 年，在伦敦科学博物馆奇妙实验室互动展厅的开幕式上，抗议者将糖浆（代表石油）倾倒在白地毯（代表北极）上的钻机模型上面。

品；而且许多能源公司现在与博物馆一样致力于参与科学、技术、工程和数学。因此，它们在微妙的合作关系中共存。

财政上的支持，精心的管理，可以使双方受益，即使它确实会让博物馆受到批评。尽管媒体围绕能源公司赞助者对其大肆抨击，但科学博物馆集团总监伊恩·布拉奇福德爵士坚定地维持了这些伙伴关系，指出能源公司支持参与科学、技术、工程和数学，并努力“找寻气候变化的解决方案”。[21] 他认为，至关重要的是，博物馆保留了编辑独立性，这与接受能源公司广告的媒体很相似。[22] 自信、权威的博物馆专业人士完全有能力在不放弃作者权力的情况下与具有明确既得利益的公司合作，并且在这种关系违背原则时能够终止它。倡导式博物馆可以将争论的双方聚集在一起，与那些可能会回避与激进组织进行密切合作的政府和企业合作。伦敦科学博物馆不仅吸引了环境保护主义者大卫·阿滕伯勒爵士，还有英国首相，参加其“气候变化年”的启动活动。[23] 倡导式博物馆可以到达行动主义博物馆无法到达的地方。

反对错误信息的运动

可信的独立性（不要与中立性混淆）也是我想用来说明非中立科学博物馆作为倡导者的第二个价值的核心：打击错误信息。关于人类在加速气候变化中的作用的争论充斥着扭曲的事实，但这只是更广泛现象的一部分。科学博物馆在解决其他问题上也很有优势：从基因改造到反疫苗运动。

例如，在新冠肺炎大流行期间，科学传播者和科学博物馆集团的科学主管罗杰·海菲尔德（Roger Highfield）每周撰写文章，解释封锁措施背后的科学。或许，与他在《每日电讯报》工作的20年相比，他的博物馆背景增加了可信度。[24] 更广泛地说，提供有关公共卫生的有力论据是很重要的，尤其是在网上。医学博物馆利用它们的展览和虚拟活动引发人们对避孕、预防流感和吸烟的思考。打击公共卫生错误信息的一个很好的例子来自自然历史博物馆的一个社交媒体账户。该账户在照片墙上发布了一条帖子，介绍了药物紫杉醇中来自红豆杉的成分，与化疗一起用于治疗植物学家桑迪·克纳普的癌症。一位用户回复帖子道："化疗来自芥子气，因此比癌症本身杀死的人更多……看到一个宣传自然疗法的网页真是太棒了。"当错误信息助长了危及生命的行为时，博物馆必须坚定地表达："你好！需要明确的是，我们并不是在提倡癌症的自然疗法。我们是在赞美那些帮助像桑迪这样患者的有科学依据的药物。"[25]

这一交流为更广泛的原则提供了有益的说明：仅仅提供准确的数据是不够的。然而，纠正错误不是防止错误信息的唯一策略，也并不特别有效。博物馆可以探索谎言的最为基础的部分。例如，2017 年，布拉德福德的国立科学与媒体博物馆（National Science and Media Museum）举办了展览"虚假新闻：真相背后的谎言"，探索了传播史上的宣传、统计数据和伪造的图像（图 87）。“假新闻”富有想象力地将过去和现在并置在一起，并且使用被加工处理的照片和社交媒体的点击农场。时任该博物馆展览主管的约翰·奥谢（John O'Shea）后来表示：

> 我们的任务是利用藏品提供历史背景，吸引游客并与他们一起探索错误信息。博物馆擅长的是投入时间去剖析概念，分解复杂的想法，提出问题而不是提供答案。通过收集过去的例子，我们强调了这种现象现在有多么不同，例如错误信息传播的速度。[26]

利用科学藏品的独特卖点——过去的和现在的，物质的和视觉的——博物馆采取了坚定的立场，但最终让用户自己来决定。它们揭开了科学技术背后的过程，提出问题并参与对话。

策展人无法用越来越多的事实来对抗谎言：直截了当的驳斥在最好的情况下往往被视为一种傲慢，或者在最糟糕的情况下被视为对一个人世界观的公然威胁。[27] 对付错误信息（在毫无恶意的情况下分享的不正确信息）和虚假信息（故意传播以造成伤害的谎言）的最佳方法是提高科学素养，使用户能够自己判断信息的质量。倡导式博物馆能够在一个安全的场所引入器物、专家和专业知识以作为人类故事的一部分，让参观者做出自己的决定并选择自己的行动方案。在上一章中，我们探讨了博物馆寻求增强观众与科学关系的方式，无论是“科学素养”“科学资本”还是

图 87　四分板的卡梅奥相机，常用于制作一些所谓的“柯亭立精灵”照片。英国国立科学与媒体博物馆将其作为 2017 年“虚假新闻”展览的一部分展出。

“科学乐趣”。但无论如何构思，其好处是显而易见的：激发好奇心，提供辨别工具，可以帮助人们做出更好的决定。我们在上一章中看到的信任、思想的激发甚至乐趣，都可以起到挽救生命的作用。博物馆可以帮助参观者成为积极、注重参与和有识别力的公民。

倡导人权的运动

最后，也许令人惊讶的是，科学博物馆倡导人权，并有机会在此领域追赶上其他博物馆。[28] 在文化组织处理的许多社会不公平现象中，科学藏品在解决与残疾和种族相关的歧视方面尤其有价值。

史密森尼学会的策展人凯瑟琳·奥特多年来一直利用藏品、展览和数字互动来反对种族主义和残障歧视（认为残疾人不如健全人的看法）。[29] 作为她职业生涯中参与的众多倡导项目之一，她收集了属于朱尼厄斯·威尔逊（Junius Wilson）的自行车。威尔逊是一名失聪的非裔美国人，被关在北卡罗来纳州的一家精神病院里 70 年之久（图 88）。在他年轻时，威尔逊通过一种只教给非裔美国人的手语进行交流，而在他被错误地逮捕后所经受的法律审判中，没有人理解这种手语。尽管没有精神疾病，但他被关押在“州立黑人精神病医院”并被绝育。他的自行车出现在国家藏品中，讲述着他后来获得的有限自由。这

图 88　朱尼厄斯·威尔逊的施文牌安全自行车，在“美国残疾人法案，1990—2015 年”展览的文物墙展出，国立美国历史博物馆，2015 年。

件平凡的器物代表着威尔逊，它的存在是正在进行的残疾人权利运动的一个微妙部分。

凯瑟琳并不孤单。在费城的科学史研究所的博物馆，策展人们着手收集与一个口述历史项目相关的器物，以探索残疾科学家的生活经历。该研究所着手解决残疾人权利对科学职业的影响；它在物质文化中的表现鼓励人们反思残疾科学家的作用，即“作为积极的知识生产者，而不仅仅是……作为技术发展的助力者，通常以使用医疗器械和接受治疗的形式参与其中”。[30]

他们面临的挑战（与收集当代科学的同事相同）是许多参与者的仪器与其他科学家没有什么不同，而且仪器仍在使用中。一个创造性的解决方案是展示一个元素周期表，其中没有被残疾科学家发现的 22 种元素（图 89）。

在苏格兰国立博物馆，我们还利用器物来尝试解决残疾与技术之间的棘手关系。我们收集了大量的假肢，包括“世界上第一只仿生手臂”爱丁堡标准机械臂（图 90）。我们不仅从开发这些设备的工程师和医生那里收集材料，而且从使用早期原型的人那里收集证词。这是一个重要的方面。酒店经营者坎贝尔·艾尔德因癌症失去了手臂，他很高兴使用了第一只爱丁堡手臂。他说：“这将使我能够做一些简单的事情，比如自己系鞋带。”但并非所有用户都有这样积极的体验。艾伦和伊冯娜是 1960 年前后出生的婴儿中的幸存者，他们的母亲在怀孕期间服用了沙利度胺药物，这会导致婴儿先天缺陷并影响寿命。他们在小时候被分配了新型的假肢，但最终两人都没有选择使用。“接近十几岁的时候，手臂让我‘看起来很正常’，但对于我小小的身躯来说又沉又笨重。”伊冯娜告诉策展人，“当我带着它们时，我需要别人帮我穿衣服，但没有它们，我可以独立完成。”[31]

这些未使用器物的证词，是对超人的勇气和开创性成就的一种有力而重要的平衡。我们旨在平衡残疾的医学模型（残疾是需要解决的问题）与社会方法（残疾是人类生活的一部分，社会应该改变）之间的不同观点。我们试图通过讲解来激发参观者的

图 89　2019 年，费城科学史研究所的“科学与残疾”展览。元素周期表显示了哪些元素是由残疾科学家发现的。

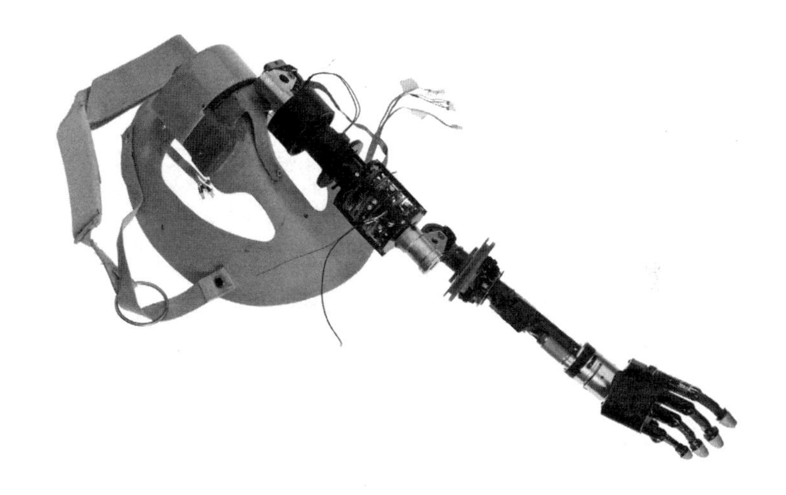

图 90　这个爱丁堡标准机械臂最初由酒店经营者坎贝尔·艾尔德使用，现在在苏格兰国立博物馆展出。

认识和对话。通过采取倡导的方式，我们不仅能够与用户有效合作，而且能够与外科医生和假肢医生合作。

朱尼厄斯·威尔逊的自行车也让我们想起了科学博物馆参与的另一个人权领域：打击种族主义的努力。然而，在这里，要确保博物馆是英雄而不是恶棍还需要一段时间，因为尽管策展人在最近几十年里尽了最大努力成为反种族主义的倡导者，但在某些方面，科学藏品充满了我们希望与之斗争的歧视。科学藏品在博物馆领域也有一些需要弥补的工作。图 91 中看似无害的器物属于詹姆斯·瓦特（James Watt），是 1800 年前后在他伯明翰家中阁楼工作车间里的 8430 件物品中的一部分。这些标志性的器物

图 91　伦敦科学博物馆展出的詹姆斯·瓦特的阁楼工作车间。博物馆目前正在探查这些与跨大西洋奴隶贸易有关的看似无害的器物。

于 1924 年由伦敦科学博物馆“为国家保存”，并在那里的能源厅展出。然而，我们知道这个工业革命的巨人还密切参与了跨大西洋的奴隶贩卖。一段时间以来，我们已经知道瓦特家族以及博尔顿和瓦特公司与受益于奴隶劳动的西印度群岛进行商业和贸易；最近的深入研究表明，瓦特本人于 1762 年贩卖了一名黑人儿童弗雷德里克。[32]

2020 年 5 月，乔治·弗洛伊德（George Floyd）在美国去世后，博物馆正在进行的努力解决殖民主义、种族和种族主义的历史问题的活动一下子成为人们关注的焦点。随着“黑人的命也是命”运动的复兴，这场在 2013 年发起的抗议针对黑人社区暴力的运动，推动包括科学博物馆在内的公共组织解决自身的立场问题。社交媒体让人们可以快速地响应。例如，旧金山探索馆迅速宣布它反对“系统性种族主义和压迫性暴力”；加拿大国立科技博物馆团体也紧随其后，传达了一个简单的信息：“任何种族主义都是不可接受的。”[33] 伦敦科学博物馆，尽管有员工骚动的报道，但它花了更长的时间明确表示“反对种族主义”，而伊恩爵士希望通过具体行动来证实他们的公开声明，用“我们的藏品和我们讲述的故事”。[34] 因此，至关重要的是，这不仅涉及政治承诺，而且还表明它们将如何运用其物品和引入实践活动。首席策展人蒂莉·布莱思（Tilly Blyth）表示：“我们对研究内容的选择可以帮助我们理解……藏品在创造面向所有人开放的空间方面可能扮演的新角色。”[35]

布莱思还指出“我们收藏的物品在支持殖民结构方面所起的作用”。[36] 博物馆不仅反映了当代社会固有的不公平结构，而且还帮助建立了白人特权的基础——等级制度。2020 年夏天的事件并没有突然引发这种认识，几十年来，博物馆一直在努力解决这些问题。几年前，当我在一个令人不安的项目中探索藏品与种族之间的关系时，我发现自己需要在短时间内掌握大量新知识。我们发现，博物馆参与了从启蒙运动到 20 世纪一直支撑种族主义思想的物质和文化等级体系的构建，这与它们现在寻求发挥的包容性作用形成讽刺的对比。[37] 这一领域的大部分关注点都集中在人类学藏品上，它们保存着用于发展种族等级制度的人类遗骸。然而，其他类型的藏品也有助于种族差异的构建。自然历史博物馆根据动物的等级对人类种族进行分类，将欧洲男性置于顶点；科技博物馆收集材料以强调西方文化在技术上的最高地位。正如我们在第一章中看到的那样，大量的藏品都是在 1900 年前后的几十年里到来的——这段时间是“帝国的收获日”——这种心态也反映在这些藏品中。[38] 博物馆，作为差异的引擎，帮助建立了种族的概念。

时至今日，博物馆的工作人员配置仍然存在明显的不平等现象：我在本书中详细探讨的所有组织都由中产阶级白人主导。旧金山探索馆为正面解决这个问题承诺：

从个人和制度上审视内部，并承认我们是问题的一部分。我们承认，旧金山探索馆和大多博物馆一样，无论是历史上还是现在，主要由白人领导和参观。我们承认，我们在内部和外部倾听和强调黑人的声音方面都做得不够。[39]

这在内部和外部都具有挑战性。博物馆工作人员的多样化将涉及解决经济差异的问题，这使得富裕的准策展人可以无偿提供志愿服务，以增加他们的就业机会。而博物馆专业人员和外部个人之间的接触，特别是那些来自散居社区的人，仍然有殖民者与被殖民者会面的痕迹。

在其创立和发展过程中，博物馆并不是中立的，所以它们现在也不能假装中立。科学博物馆正在慢慢地效仿其他博物馆，以多种方式处理它们自己的殖民和种族主义历史以及当前的种族问题，我想在这里讨论其中三个。第一，科学博物馆对其藏品与奴隶制的历史联系问题更加开放。以瓦特与跨大西洋奴隶贸易的关系为例，这一关系现在（逐渐地、略微地）在伦敦科学博物馆的现场、苏格兰国立博物馆和其他地方的展厅内的解读中更加明显。曼彻斯特科学与工业博物馆已经在其 2018 年的项目“纺织品回应”中表达了奴隶制与棉花之间的联系，还在围绕这些展览的面向公众的节目中阐述了这些联系。然而，到目前为止，许多科学博物馆在这个问题上仍一直处于不作为状态，任由社会历史和其他收藏馆占据主导地位；它们现在应该利用自己的藏品来揭示奴隶制度在工业革命和现代世界中是如何根深蒂固的。

第二，科学藏品可用于解决有关种族、种族划分和生物学的科学问题。一段时间以来，已经有一些展览致力于此，例如，明尼苏达州科学博物馆的“种族：我们是如此不同吗？”（RACE: Are We So Different？）；以及安大略科学中心的“关于真理的一个问题”（A Question of Truth），该展览试图解决“对欧洲白人男性优越感的执念，它导致科学成为偏见、歧视和暴行的工具”。[40] 这些展览是强有力的倡导者，促使参观者质疑科学的中立性以及他们自己的态度和信仰。“关于真理的一个问题”让一位参观者停顿了一下，以反思“某些人被认为是低人一等的，（例如）那些为研究疾病的原因和影响而感染梅毒的黑人”，她认为“这太可怕了”。[41]

让我们在这里稍作停留，想想挪威科技博物馆 2018 年的展览“人们——从种族类型到 DNA 序列”（FOLK–From Racial Types to DNA Sequences，图 92）。该展览将种族科学的历史，包括颅相学和优生学，与当代群体遗传学的工作一起展示，以挑战当代的种族主义态度。[42] 该展览重新诠释了那些令人不安的历史物品，包括人类学幻灯片、测量人类头发和眼睛的量具、蜡制人体测量模型和人类头骨模型。他们特别关注斯堪的纳维亚的原住民萨米人的研究。策展人与萨米博物馆（Árran Lule Sámi Centre）的成员合作，以确定 20 世纪早期人类学研究对象的个体；即使博物馆无法将他们的声音还给这些被物品化的个体，至少他们被赋予了自己的名字。重要的是，这项历史性的工作促使参观者反

图 92　挪威科技博物馆的展览“人们——从种族类型到 DNA 序列”，2018 年，奥斯陆。

思他们自己的种族身份、隐性和显性偏见。“人们”展览旨在探索“博物馆激发关于人类差异建构的批判性反思和对话的能力，从而成为社会变革的推动者”。[43] 在揭示科学中差异形成的历史时，它们提倡尊重差异和同一性。

第三，科学博物馆可以做更多的工作来解决其自身收藏、展示和项目缺乏多样性的问题。旧金山探索馆致力于“在项目和展览中更多地突出黑人科学家、学者、艺术家和社区成员”。[44] 这可能涉及简单的在线活动，例如纪念闭路电视家庭安全系统的非裔美国发明者——玛丽·范·布里顿·布朗的诞辰，或者提醒人们注意藏品中表现的非欧裔人。[45] 但这还有很长的路要走。以美国国家航空航天局的数学家凯瑟琳·约翰逊（Katherine Johnson）为例，她是书和电影《隐藏人物》中的主角。[46] 美国非裔美国人历史与文化国家博物馆（National Museum of African American History and Culture）有一幅她的肖像，但目录搜索显示，在国家藏品中几乎找不到其他代表她的物品（她于 2020 年去世，在撰写本书时，她的任何物质遗产的命运都还不清楚）。约翰逊明显的代表性不足说明了在以白人男性个体故事为主导的科学博物馆中表现隐藏人物的挑战（见第五章）。利用图像、记录和数字证据，我们应该扩充我们的藏品，并丰富我们的活动，以展示有色人种（和其他被忽视的群体）在科学中的作用。

科学博物馆应通过其藏品来探讨被奴役者的历史、种族主义和多样性，促进对历史和遗产差异的理解，并倡导一个更公平的社会。它们应该利用兰兹斗牛犬拖拉机和朱尼厄斯·威尔逊的自行车等器物来应对气候紧急状态，挑战错误信息，促进人权，从共谋不平等转变为打击不平等。旧金山探索馆做出承诺："作为终身学习者、教育者、科学家和艺术家，我们必须挑战种族不平等和不公正，努力建设一个尊重、保护和颂扬全体人民的世界。"[47]这还有很长的路要走，并且对工作人员或参观者来说并不容易。当博物馆利用藏品挑战偏见，或揭示有关地球状况和人类的令人不安的真相时，它们会引发深思熟虑的回应。正如一位参观者对展览"关于真理的一个问题"所做的评论：

> 我是一位年轻的黑人女性，现在是时候有人公开站出来澄清这些问题了。这次展览无疑是对所有年轻人的一次警醒，它在对过去和现在的一些问题表现的显著的现实主义和诚实，将有助于结束如此多的刻板印象。[48]

愿这种倡导长期持续下去。

第六章

活跃的藏品

既然我们一起开始探索了这些奇仪重器的内容、它们的历史、它们的藏身之处、它们的工作人员、它们的用途和使用者，那么我们从中学到了什么呢？我们发现，科学博物馆并不总是关于科学，而是关于工业、农业和交通运输；关于健康和医学，尤其是关于社会。尽管我们关注的是实物，但我们发现收藏中的文本、图像和数字文件远远多于实物。尽管有如此大的数量以及材料的多样性，从它们的历史和收集实践来看，科学藏品远远不是百科全书式的，而是有着令人惊讶的独特性。因此，我们不仅发现了相当大的优点，而且发现了缺点，并且它们既能向内吸收也能向外排出。我们发现绝大多数藏品都不是在展出，而是在庞大的收藏设施中，由文物修复师、研究人员和其他人保存、使用和研究。我们发现科学藏品对所有年龄段的人都有吸引力，并能唤起与这些观众之间有意义的情感联系。这些物品会引起恐惧、希望、厌恶或是喜悦。最后，我们发现通过用藏品讲述故事，科学博物馆可以带来改变，激发反思和行动来改善人类的命运。

如果这些都是我们在上述章节中对藏品进行具体探究的结果，那么让我们将它们作为一个整体来思考，以结束我们的旅程。科学博物馆既关乎科学，也关乎社会；既关乎文化，也关乎自然研究。科学藏品中包含着人们的故事。

科学也是关于人的

回想一下第三章中的米尼翁 3 型打字机。连同相关图像和“文件资料的半影”，它向我们讲述了打字机的历史，但这件器物也有自己特定的传记故事：从“一战”时期的德国到激进的爱丁堡。技术器物体现了人类的活动，通过它们各自成为藏品的旅程，以及它们在途中遇到的人，蕴含了丰富的社会叙事。总的来看，它们受制于偶然性和个人的激情，从法国革命者神职人员亨利・格里高利到文物修复师莎拉・格里什。这个情况在科学博物馆创始人中尤其明显，从旧金山探索馆的弗兰克・奥本海默到德意志博物馆的奥斯卡・冯・米勒。他们的痴迷（和自我）至今在他们创建的机构中仍很明显，从此他们的激情和过失一直笼罩着几代策展人和此后参与收藏的其他人。

这种复杂的人—物品纠葛也适用于其他收藏品。这是我们发现的科学博物馆与自然历史、社会历史、艺术和其他博物馆之间的相似之处。它们有共同的谱系和相似的收集实践，它们共享存储设施和展览流程。像欧洲核子研究组织的铜制加速腔这样的科学器物具有雕塑美学，如考古收藏品中的一只壶或一尊雕像。不可否认，科学是人类活动的一种独特形式——是一种资源特别丰富、影响深远的活动——但它是一种人类活动。收集科学史类似于收集社会史，因为科学史就是社会史。“科学植根于它周围的世界，”科学博物馆集团的蒂莉·布莱思认为，“只有将科学视为更广泛文化的一部分，我们才能开始以其应有的丰富多彩的方式来理解和解释它。”[1]科学藏品在帮助我们理解科学与（其他）社会之间的关系方面发挥着重要作用，正如一位策展人在“关于真理的一个问题”展览中所表达的那样：“我认为科学博物馆的作用是让人们意识到科学植根于他们的文化中。这是他们日常生活的一部分。他们必须有一些机构来处理正在发生的事。”[2]

被良好解读的科学藏品既涉及概念，也涉及人，最重要的是，它们有故事。讲述这些故事的技巧是使科学变得相关、有意义和个性化，正如我们在哈佛大学的回旋加速器控制面板及其旁边的外卖菜单上看到的那样。这些故事植根于、嵌入并交织在藏品中。伦敦科学博物馆展示的欧洲核子研究组织的自行车能告诉我们粒子物理的规模；而朱尼厄斯·威尔逊的自行车向我们讲述了一个被剥夺公民权的个人所恢复的权利。这些故事不一定是关于取得突破性发现的孤独的天才的。这些器物揭示了其中涉及的团队合作，以及科学的混乱、偶然性和即兴创作。技术死胡同和未实现的原型挑战了不屈不挠和无可争辩的科学进步的形象；相反，失败和弱点是他们所有光辉的不确定中的人类科学故事。从对核能或克隆技术的抗议，到棉花加工技术与奴役之间的联系，藏品都在讲述冲突和争议。科学藏品讲述的故事并不总是那么好听。

科学收藏是有活力的

科学藏品中的人类故事不断积累和发展，有些被丢失了或被遗忘了，另一些则重新出现。当我们在第四章探索博物馆仓库时，我们发现即使是这些科学仓库也是充满活力的地方。我们发现物品、图像、文本和数据有些是借来的，或是往来于展览和工作室中的。斗牛犬拖拉机被推到了它的新家里；其他物品通过移动货架来回运输；而数字实体通过电子邮件来回传递。尽管它们中的绝大多数都远离公众的视线，明显地处于静止状态，但我们已经看到，就像一个静止的珊瑚礁一样，几十年来的科学藏品远比人们想象的更有活力。这些收藏品的展览和活动，从纳米日到推特，能激发新的知识和理解。科技藏品可能不像动物园里的动物那么有生气，但它们确实很有活力。[3]

在每一步中，我们都看到了科学藏品活跃背后的驱动力：相关的人员。除了与人有关外，科学藏品当然也由他们管理。根据我的经验，这些专业人士和业余爱好者因对他们所关心的藏品的热情而聚集在一起——他们的这种“器物之爱”。正是在这种热情的推动下，科学博物馆的工作人员需要具备多种技能并且行动迅速。策展人和他们的同事需要擅长研究、收集和参与——除此之外，还有更多技能。对于那些有幸拥有独立专家职位资源的组织来说，文物修复师、推动者和策展人需要能够相互合作。科学展览和其他进程，例如奥斯陆的挪威科技博物馆在“思维缝隙”中对神经科学的探索，都依赖于有效的团队合作。

不仅通过这些内部合作，而且通过有效的伙伴关系，以及通过科学博物馆、其他类型的博物馆和科学、技术、工程和数学教育生态系统的其他元素之间蓬勃发展的网络，科学藏品才得以保持活力。博物馆将物品收集起来进行分享（图 93），它们互相转移和重新分配物品。它们越来越多地将它们的藏品搜索服务功能相互连接起来，使用户能够在一次点击中访问不同的藏品。它们与实验室和大学建立联系，交流物质文化和专业知识；它们与科学中心和油管频道分享故事。美国自然历史博物馆集团发表了“相互依存宣言”，它们最好以它为榜样。[4]

无论是什么类型的博物馆，该宣言的核心是坚持博物馆是相互联系的，也是相关的。[5] 正如我们在本书中所看到的那样，它们保持这种状态的一种方式，是收集和参与的不仅是过去的科学，还有现在的科学。从那时到现在，科学收藏馆总是像傅科摆一样摇摆不定；两个世纪前，尖端技术与科学文物已经在早期的巴黎工艺博物馆并列而设。这总是带来一种紧张关系：策展人如何将普遍的与历史无关的科学原理与按时间顺序排列的器物结合起来？答案在于，我们要像对待历史实践一样对待当代科学——

图 93　敦雷核电站的控制室，最初由苏格兰国家博物馆集团和科学博物馆集团于 2015 年共同收购。

把它们看作（绝妙的）偶然发生的、与人相关的。有纷繁复杂的当代物品可供选择，但这一直以来都是这样并且以后也是：因此，我们选择了重要、有趣和相关的科学“素材”。这些新事物可能是数字的或物质的，文本的或视觉的。还记得第三章中的病理学研究的猪吗？伦敦科学博物馆收集了用来听它们咳嗽的麦克风，以及用来检测病猪的软件。无论是现在还是将来，收集多媒体资料都会让这些藏品充满活力。

最后，我当然希望，我们能为最重要的相关人员保持科学藏品的活力——它们的参观者、观众和用户。第五章和第六章将科学的物质文化作为边界物品，将科学博物馆作为不同社区之间的接触区域。科学家、技术专家和医生给科学藏品赋予特殊价值；博物馆专业人士尽最大努力吸引现场、在线和幕后的参观者，继而这些参观者又能表达自己的感悟。这些用户的动机可能源自特定的好奇心，或是想要浏览社交媒体，或者只是简单地想在美好的一天里出去走走；正如与科学器物的许多接触与学习有关，也与休闲有关。我们发现，尽管和科学博物馆的名声不符，但这些观众既包括儿童，也包括成人。

科学藏品的生动特征在与任何年龄段的用户的互动中尤其明显——这些互动是多感官的，通常是情绪化的（图 94）。动手体验不仅限于按钮式的互动展厅，还可以在教育活动和收藏设施中找到。参观博物馆时，遇到铜制加速腔、傅科摆、肿瘤鼠、打字机、磁流体样品、斗牛犬拖拉机或任何其他器物都可能会感到吵

图 94　科学的乐趣：人们正在玩人机互动的“能量轮”，它是当时苏格兰国立博物馆展览的一部分。

闹、喧嚣、充满正义，或在视觉上感到愉悦。它可能令人不安，甚至令人恐惧；但无论是在展厅里、仓库里还是在线上，与物品进行如此多的情感交流都是令人愉快的。我希望这本《奇仪重器：探索科学博物馆》已经激发了你的好奇心。

注 释

引 言

1 Nick Richardson, 'At the Science Museum', *London Review of Books*, 6 March 2014, p. 25.

2 John Durant, 'Science Museums, or Just Museums of Science', in *Exploring Science in Museums*, ed. Susan M. Pearce (London, 1996), pp. 148–161 [p. 152].

3 See, for example, John Edwards, 'Big and Oily: Collecting the North Sea Gas and Oil Industry', *Social History in Museums*, XXXI (2006), pp. 27–32; T. N. Clarke, A. D. Morrison–Low and A.D.C. Simpson, *Brass and Glass: Scientific Instrument Making Workshops in Scotland* (Edinburgh, 1989).

4 See Samuel J.M.M. Alberti and Elizabeth Hallam, eds, *Medical Museums: Past, Present, Future* (London, 2013); Samuel J.M.M. Alberti, *Morbid Curiosities: Medical Museums in Nineteenth-Century Britain* (Oxford, 2011).

5 Ecsite, 'Norsk Teknisk Museum', www.ecsite.eu/members, accessed 19 December 2021.

6 See, for example, Samuel J.M.M. Alberti, 'Constructing Nature behind Glass', *Museum and Society*, VI (2008), pp. 73–97; Eric Dorfman, ed., *The Future of Natural History Museums* (Abingdon, 2018).

7 国际博物馆协会在 137 个国家拥有 3 万多名成员：International

Council of Museums, 'Museums Have No Borders', https://icom.museum/en, accessed 3 July 2021。

8 Dagmar Schäfer and Jia-Ou Song, 'Interpreting the Collection and Display of Contemporary Science in Chinese Museums as a Reflection of Science in Society', in *Challenging Collections: Approaches to the Heritage of Recent Science and Technology*, ed. Alison Boyle and Johannes-Geert Hagmann (Washington, dc, 2017), pp. 88–102.

9 Marianne Achiam and Jan Sølberg, 'Nine Meta-Functions for Science Museums and Science Centres', *Museum Management and Curatorship*, XXXII (2017), pp. 123–143.

10 国际博物馆协会的定义（2007）：https://icom.museum/en/resources/standards-guidelines/museum-definition, 2020 年 1 月。在撰写本书时，国际博物馆协会花了 5 年时间讨论了一个新的定义，但没有达成共识。

11 National Museums Scotland, *Shaping the Future: Strategic Plan 2016–20* (Edinburgh, 2016), p. 7.

12 Science Museum Group, *Inspiring Futures: Strategic Priorities 2017–2030* (London, 2017), p. 12; emphasis added.

13 Museo Nazionale della Scienza e della Tecnologia Leonardo da Vinci, 'Mission', www.museoscienza.org, accessed 19 December 2021; National Museum of American History, *Strategic Plan 2013–2018* (Washington, dc, 2013), p. 9.

14 Marta C. Lourenço and Lydia Wilson, 'Scientific Heritage: Reflections on Its Nature and New Approaches to Preservation, Study and Access', *Studies in History and Philosophy of Science*, XLIV (2013), pp. 744–753 [p. 752].

15 Ingenium – Canada's Museums of Science and Innovation, *Summary Corporate Plan 2019–2020 to 2023–2024* (Ottawa, 2019), p. 5.

16 Polytechnic Museum, 'Mission', https://polymus.ru/eng, accessed 19

December 2021.

17 Deutsches Museum, 'Mission', www.deutsches-museum.de, accessed 19 December 2021.

18 Science Museum Group, *Inspiring Futures*, p. 11.

19 Ecsite, 'Norsk Teknisk Museum'.

20 Rijksmuseum Boerhaave, 'About Us', https://rijksmuseumboerhaave.nl/engels, accessed 19 December 2021.

21 Simon Schaffer, 'Object Lessons', in *Museums of Modern Science*, ed. Svante Lindqvist (Canton, MA, 2000), pp. 61–76.

22 Sandra H. Dudley, 'Museum Materialities: Objects, Sense and Feeling', in *Museum Materialities: Objects, Engagements, Interpretations*, ed. Sandra H. Dudley (Abingdon, 2010), pp. 1–17 [p. 6]; original emphasis.

23 Jack Challoner, *Science Museum: The Souvenir Book* (London, [2016]); Volker Koesling and Florian Schülke, *Man, Technology! A Journey of Discovery through the Cultural History of Technology* (Berlin, 2013); David Souden, ed., *Scotland to the World: Treasures from the National Museum of Scotland* (Edinburgh, 2016).

24 Alison Boyle, 'Stories and Silences in Modern Physics Collections: An Object Biography Approach', PhD thesis, University College London, 2020, p. 258; see also Alison Boyle and Harry Cliff, 'Curating the Collider: Using Place to Engage Museum Visitors with Particle Physics', *Science Museum Group Journal*, 2 (October 2014).

25 Garth Wilson, 'Designing Meaning: Streamlining, National Identity and the Case of Locomotive CN6400', *Journal of Design History*, XXI (2008), pp. 237–257 [p. 254].

26 关于科学与医学藏品的色彩，请参阅 Shaz Hussain, '50 Shades of Beige', https://blog.sciencemuseum.org.uk, 11 April 2018; David Pantalony, 'The Colour of Medicine', *Canadian Medical Asssociation Journal*, CLXXXI (2009), pp. 402–403。

27 Koesling and Schülke, *Man, Technology!*

28 Constanze Hampp and Stephan Schwan, 'The Role of Authentic Objects in Museums of the History of Science and Technology: Findings from a Visitor Study', *International Journal of Science Education*, Part B, Ⅴ (2015), pp. 161–181.

29 Rachel Sharp, '20/20 Vision', *Scottish Review*, 16 October 2017.

30 Linda Sandino, 'A Curatocracy: Who and What Is a V&A Curator?', in *Museums and Biographies: Stories, Objects, Identities*, ed. Kate Hill (Woodbridge, 2012), pp. 87–99.

31 Hilary Geoghegan and Alison Hess, 'Object-Love at the Science Museum: Cultural Geographies of Museum Storerooms', *Cultural Geographies*, XXII (2015), pp. 445–65 [p. 459]; original emphasis.

32 Rowan Moore, 'Wonderlab: The Statoil Gallery', *The Observer*, 9 October 2016.

33 Ipsos MORI, *Wellcome Trust Monitor, Wave 3* (London, 2016).

34 约翰·杜兰特，与作者的对话，马萨诸塞州剑桥市，2018 年 4 月 23 日。

35 Association of Science and Technology Centers, *Science Center Statistics* (Washington, DC, 2017). See also Fiammetta Rocco, 'Temples of Delight', *The Economist*, 21 December 2013; David Chittenden, 'Roles, Opportunities, and Challenges – Science Museums Engaging the Public in Emerging Science and Technology', *Journal of Nanoparticle Research*, XIII (2011), pp. 1549–1956.

36 Ipsos MORI, *Wellcome Trust Monitor*.

37 Emily Dawson, *Equity, Exclusion and Everyday Science Learning: The Experiences of Minoritised Groups* (London, 2019).

38 约翰·杜兰特，与作者的对话，马萨诸塞州剑桥市，2018 年 4 月 23 日。

39 Steven Conn, *Do Museums Still Need Objects?* (Philadelphia, PA, 2010).

40 Joshua P. Gutwill and Sue Allen, *Group Inquiry at Science Museum Exhibits: Getting Visitors to Ask Juicy Questions* (San Francisco, CA, 2017).

41 Richard Fortey, *Dry Store Room No. 1: The Secret Life of the Natural History Museum* (London, 2008). Others I have enjoyed include Lance Grande, *Curators: Behind the Scenes of Natural History Museums* (Chicago, IL, 2017); Steven Lubar, *Inside the Lost Museum: Curating, Past and Present* (Cambridge, MA, 2017); and Nicholas Thomas, *The Return of Curiosity: What Museums Are Good for in the 21st Century* (London, 2016).

42 从不久前开始我最喜欢的三个：Victor J. Danilov, *Science and Technology Centres* (Cambridge, MA, 1982); Stella Butler, *Science and Technology Museums* (Leicester, 1992); and Sharon Macdonald, *Behind the Scenes at the Science Museum* (London, 2002)。更多、更新的书可以在精选书目中找到。

第一章　馆藏是如何形成的

1 关于科学博物馆历史的文献相当多。为了有助于调查，请参阅 Alan J. Friedman, 'The Extraordinary Growth of the Science-Technology Museum', *Curator: The Museum Journal*, L (2007), pp. 63–75; Oliver Impey and Arthur MacGregor, eds, *The Origin of Museums: The Cabinet of Curiosities in Sixteenth- and Seventeenth-Century Europe* (Oxford, 1985); Silke Ackermann, Richard L. Kremer and Mara Miniati, eds, *Scientific Instruments on Display* (Leiden, 2014); Elena Canadelli, Marco Beretta and Laura Ronzon, eds, *Behind the Exhibit: Displaying Science and Technology at World's Fairs and Museums in the Twentieth Century* (Washington, DC, 2019)。

2 Fiona Candlin, *Micromuseology: An Analysis of Small Independent*

Museums* (New York, 2015).

3 Paula Findlen, *Possessing Nature: Museums, Collecting, and Scientific Culture in Early Modern Italy* (Berkeley, CA, 1996).

4 See, for example, Michael Korey, *The Geometry of Power, the Power of Geometry: Mathematical Instruments and Princely Mechanical Devices from around 1600* (Munich, 2007)

5 Jim Bennett, 'A Role for Collections in the Research Agenda of the History of Science?', in *Research and Museums*, ed. Görel CavalliBjörkman and Svante Lindqvist (Stockholm, 2008), pp. 193–210.

6 Silke Ackermann, '"Of Sufficient Interest..., but Not of Such Value...": 260 Years of Displaying Scientific Instruments in the British Museum', in *Scientific Instruments on Display*, ed. Silke Ackermann, Richard L. Kremer and Mara Miniati (Leiden, 2014), pp. 77–93.

7 Translated and quoted in Dominique Ferriot and Bruno Jacomy, 'The Musée des Arts et Métiers', in *Museums of Modern Science*, ed. Svante Lindqvist (Canton, MA, 2000), pp. 29–42 [p. 42].

8 Bernard V. Lightman, *Victorian Popularizers of Science: Designing Nature for New Audiences* (Chicago, IL, 2007).

9 Dominique Ferriot, 'The Role of the Object in Technical Museums: The Conservatoire National des Arts et Métiers', in *Museums and the Public Understanding of Science*, ed. John Durant (London, 1992), pp. 79–80.

10 Jeffrey A. Auerbach, *The Great Exhibition of 1851: A Nation on Display* (New Haven, CT, 1999); Jim Bennett, *Science at the Great Exhibition (London, 1851)* (Cambridge, 1983).

11 Robert Bud, 'Infected by the Bacillus of Science: The Explosion of South Kensington', in *Science for the Nation: Perspectives on the History of the Science Museum*, ed. Peter J. T. Morris (London, 2010), pp. 11–40.

12 Geoffrey N. Swinney, 'Towards an Historical Geography of a "National" Museum: The Industrial Museum of Scotland, the Edinburgh Museum

of Science and Art and the Royal Scottish Museum, 1854–c. 1939', PhD thesis, University of Edinburgh, 2013.

13 Robert Bud, 'Responding to Stories: The 1876 Loan Collection of Scientific Apparatus and the Science Museum', *Science Museum Group Journal*, I (2014).

14 Brigitte Schroeder-Gudehus and Anne Rasmussen, *Les fastes du progrès: Le guide des expositions universelles, 1851–1992* (Paris, 1992); Canadelli, Beretta and Ronzon, eds, *Behind the Exhibit*.

15 Pamela M. Henson, '"Objects of Curious Research": The History of Science and Technology at the Smithsonian', *Isis*, XC (1999), pp. S249–269.

16 Deborah J. Warner, 'Joseph Henry and the Smithsonian's First Collection of Scientific Apparatus', *Scientific Instrument Society Bulletin*, CXLII (September 2019), pp. 26–32.

17 'Loan Collection of Scientific Apparatus', *Illustrated London News*, 16 September 1876, p. 270; Rebekah Higgitt, 'Instruments and Relics: The History and Use of the Royal Society's Object Collections, c. 1850–1950', *Journal of the History of Collections*, XXXI (2019), pp. 469–485.

18 Martin P. M. Weiss, *Showcasing Science: A History of Teylers Museum in the Nineteenth Century* (Amsterdam, 2019).

19 Bennett, 'A Role for Collections', p. 201.

20 Wolfgang M. Heckl, ed., *Technology in a Changing World: The Collections of the Deutsches Museum* (Munich, 2010); Eve M. Duffy, 'Representing Science and Technology: Politics and Display in the Deutsches Museum, 1903–1945', PhD thesis, University of North Carolina at Chapel Hill, 2002.

21 Lisa Kirch, *The Changing Face of Science and Technology in the Ehrensaal of the Deutsches Museum, 1903–1955* (Munich, 2017).

22 Swinney, 'Towards an Historical Geography of a "National" Museum'.

23 Museum of Science and Industry, *West Pavilion Guide* (Chicago, IL, 1938).

24 Klaus Staubermann and Geoffrey N. Swinney, 'Making Space for Models: (Re)presenting Engineering in Scotland's National Museum, 1854–Present', *International Journal for the History of Engineering & Technology*, LXXXVI (2016), pp. 19–41.

25 'New York City Museum of Science and Industry', *Nature*, CXXXVII (1936), p. 306.

26 引用来自 2008 年采访的一位 1917 年出生于斯温尼的游客，'Towards an Historical Geography of a "National" Museum', p. 335。

27 Jim Bennett, 'European Science Museums and the Museum Boerhaave', in *75 jaar Museum Boerhaave* (Leiden, 2006), pp. 73–78; Marco Beretta, 'Andrea Corsini and the Creation of the Museum of the History of Science in Florence (1930–1961)', in *Scientific Instruments on Display*, ed. Silke Ackermann, Richard L. Kremer and Mara Miniati (Leiden, 2014), pp. 1–36.

28 Sophie Forgan, 'Festivals of Science and the Two Cultures: Science, Design and Display in the Festival of Britain, 1951', *British Journal for the History of Science*, XXXI (1998), pp. 217–240.

29 Anne M. Zandstra and J. Wesley Null, 'How Did Museums Change during the Cold War? Informal Science Education after Sputnik', *American Educational History Journal*, XXXVIII (2011), pp. 321–339; Arthur P. Molella and Scott Gabriel Knowles, eds, *World's Fairs in the Cold War: Science, Technology and the Culture of Progress* (Pittsburgh, PA, 2019).

30 Arthur P. Molella, 'The Museum That Might Have Been: The Smithsonian's National Museum of Engineering and Industry', *Technology and Culture*, XXXII (1991), pp. 237–263.

31 'Johnson Dedicates Smithsonian Unit', *New York Times*, 23 January 1964, p. 28.

32 Arthur P. Molella, 'The Human Spirit in an Age of Machines', in *World's*

Fairs in the Cold War: Science, Technology and the Culture of Progress, ed. Arthur P. Molella and Scott Gabriel Knowles (Pittsburgh, PA, 2019), pp. 96–108.

33 United States National Museum, *Annual Report for the Year Ended June 30, 1959* (Washington, DC, 1959), p. 3.

34 Bernard S. Finn, 'The Science Museum Today', *Technology and Culture*, Ⅵ (1965), pp. 74–82.

35 John van Riemsdijk and Paul Sharp, *In the Science Museum* (London, 1968); Connie Moon Sehat, 'Education and Utopia: Technology Museums in Cold War Germany', PhD thesis, Rice University, 2006.

36 Jean-Baptiste Gouyon, '"Something Simple and Striking, if Not Amusing": The Freedom 7 Special Exhibition at the Science Museum, 1965', *Science Museum Group Journal*, I (2014).

37 John van Riemsdijk, *Science Museum: 50 Things to See* (London, 1965).

38 Robert Hewison, *The Heritage Industry: Britain in a Climate of Decline* (London, 1987).

39 Erin Beeston, 'Spaces of Industrial Heritage: A History of Uses, Perceptions and the Re-Making of Liverpool Road Station, Manchester', PhD thesis, University of Manchester, 2020.

40 K. C. Cole, *Something Incredibly Wonderful Happens: Frank Oppenheimer and the World He Made Up* (Boston, MA, 2009).

41 Hilde Hein, *The Exploratorium: The Museum as Laboratory* (Washington, DC, 1990), p. 85.

42 Frank Oppenheimer, 'Rationale for a Science Museum', *Curator: The Museum Journal*, Ⅰ (1968), pp. 206–209.

43 Karen A. Rader and Victoria E. M. Cain, *Life on Display: Revolutionizing U.S. Museums of Science and Natural History in the Twentieth Century* (Chicago, IL, 2014).

44 戴维·潘特罗尼，与作者的对话，爱丁堡—渥太华，2020 年 12 月 1 日。

45 Victor J. Danilov, *Science and Technology Centres* (Cambridge, MA, 1982).

46 艾莉森·托布曼，与作者的对话，爱丁堡，2018 年 12 月 11 日。关于格雷戈里帮助奥本海默，请参阅 Richard Gregory, 'Turning Minds on to Science by Hands-On Exploration: The Nature and Potential of the Hands-On Medium', in Nuffield Foundation Interactive Science and Technology Project, *Sharing Science: Issues in the Development of Interactive Science and Technology Centres* (London, 1989), pp. 1–9。

47 Richard Gregory, *Hands-On Science: An Introduction to the Bristol Exploratory* (London, 1986).

48 Anthony Wilson, 'Launch Pad', in *Science Museum Review 1987*, ed. Andrew Nahum (London, 1987), pp. 22–25 [p. 22]; Tim Boon, 'Parallax Error? A Participant's Account of the Science Museum, c. 1980–c. 2000', in *Science for the Nation: Perspectives on the History of the Science Museum*, ed. Peter J. T. Morris (London, 2010), pp. 111–135.

49 National Museums of Scotland, *Annual Report April 1992–March 1993* (Edinburgh, 1993), p. 15.

50 Ian Simmons, 'A Conflict of Cultures: Hands-On Science Centres in UK Museums', in *Exploring Science in Museums*, ed. Susan Pearce (London, 1996), pp. 79–94.

51 Maurice Daumas, *Les instruments scientifiques aux xviie et xviiie siècles* (Paris, 1953); Alexandre Herlea, 'Maurice Daumas (1910–1984)', *Technology and Culture*, XXVI (1985), pp. 698–702.

52 Anthony V. Simcock, 'Alchemy and the World of Science: An Intellectual Biography of Frank Sherwood Taylor', *Ambix*, XXXIV (1987), pp. 121–139; Frank Greenaway, interview with Anna-K. Mayer, 5 March 1998, British Society for the History of Science Oral History Project, 'The History of Science in Britain, 1945–65', 31pp. TS transcript, BSHS 10/8/10, University of Leeds Special Collections.

53 Robert C. Post, *Who Owns America's Past? The Smithsonian and the Problem of History* (Baltimore, MD, 2013).

54 Jenni Calder and Alexander Fenton, eds, *National Museums of Scotland First Report, October 1985–March 1987* (Edinburgh, 1988).

55 Robert Fox, 'Museums of Science and Technology in Europe since 1980', in Frank Greenaway, *Chymica Acta: An Autobiographical Memoir*, ed. Robert G. W. Anderson, Peter J. T. Morris and Derek A. Robinson (Huddersfield, 2007), pp. 215–228.

56 Patricia E. Mooradian et al., *The Henry Ford* (Dearborn, MI, 2008).

57 Royal Society, *The Public Understanding of Science* (London, 1985), p. 9.

58 Nuffield Foundation Interactive Science and Technology Project, *Sharing Science: Issues in the Development of Interactive Science and Technology Centres* (London, 1989).

59 Danilov, *Science and Technology Centres*; Robert Fox, 'History and the Public Understanding of Science: Problems, Practices, and Perspectives', in *The Global and the Local: The History of Science and the Cultural Integration of Europe*, ed. Michal Kokowski (Cracow, 2006), pp. 174–177.

60 John R. Durant, Geoffrey A. Evans and Geoffrey P. Thomas, 'The Public Understanding of Science', *Nature*, CCCXL (1989), pp. 11–14.

61 Steven Shapin, 'Why the Public Ought to Understand Science-inthe-Making', *Public Understanding of Science*, I (1992), pp. 27–30 [p. 30].

62 Julie Becker, '30 Years of Ecsite: Back to the Roots', *Spokes*, XLIX (2019), pp. 1–12.

63 Rader and Cain, *Life on Display*; Committee on Prospering in the Global Economy of the 21st Century, *Rising above the Gathering Storm: Energizing and Employing America for a Brighter Economic Future* (Washington, DC, 2005).

64 Cited in Post, *Who Owns America's Past?*, p. 238.

65 Schäfer and Song, 'Interpreting the Collection'.

66 House of Lords, *Science and Technology: Third Report* (London, 2000), paragraph 3.40. See also Penny Fidler, 'Millennium Science Centres Historical Update', www.sciencecentres.org.uk, April 2020.

67 House of Lords, *Science and Technology*, paragraph 3.6.

68 Frank A.J.L. James, 'Some Significances of the Two Cultures Debate', *Interdisciplinary Science Reviews*, XLI (2016), pp. 107–117 [p. 108].

69 Andrew Nahum, ed., *Science Museum Review 1987* (London, 1987), p. 5.

70 Sharon Macdonald, review of Svante Lindqvist, ed., *Museums of Modern Science* (Canton, MA, 2000), *British Journal for the History of Science*, XXXIV (2001), pp. 101–102.

第二章　收集科学

1 Alison Boyle, 'Of Mice and Myths: Challenges and Opportunities of Capturing Contemporary Science in Museums', *Science Museum Group Journal*, XIII (2020); Robert Bud, *The Uses of Life: A History of Biotechnology* (Cambridge, 1993).

2 Benjamin Filene, 'Things in Flux: Collecting in the Constructivist Museum', in *Active Collections*, ed. Elizabeth Wood, Rainey Tisdale and Trevor Jones (New York, 2018), pp. 130–140 [p. 130].

3 我调查了 4 家机构 2017 年或 2018 年的收购情况：德意志博物馆通过 2017 年年度报告附件（慕尼黑，2018 年），由赫尔姆特·崔施勒尔（Helmuth Trischler）提供；根据朱莉·吉布（Julie Gibb）编制的苏格兰国家博物馆集团 2018 年科技部门新增登记注册条目；来自乔希·诺尔（Josh Nall）提供的惠普尔科学史博物馆的内部列表；以及杰克·柯比（Jack Kirby）提供的 2018 年科学博物馆集团新增列表。这些数据包括一些已经在藏品中但尚未被正式加入的物品。也请参阅 Tacye Phillipson, 'Collections Development in Hindsight: A Numerical Analysis of the Science and Technology Collections of National Museums Scotland since 1855', *Science Museum Group Journal*, XII (2019)。

4 National Museum of American History, *Strategic Plan, 2013–2018* (Washington, DC, 2013), p. 6.

5 Richard L. Kremer, 'A Time to Keep, and a Time to Cast Away: Thoughts on Acquisitions for University Instrument Collections', *Rittenhouse*, XXII (2008), pp. 188–210.

6 'Elizabethan Combination Tide Computer', *Tesseract: Early Scientific Instruments*, CVI (2017–18), pp. 19–20.

7 Ingenium – Canada's Museums of Science and Innovation, *Collection Development Strategy* (Ottawa, 2018), pp. 1 and 2.

8 David Pantalony, 'Field Notes: Challenges and Approaches for Collecting Recent Material Heritage of Science and Technology', *Museologia e Patrimônio*, VIII (2015), pp. 80–103 [p. 90].

9 Sharon Macdonald and Jennie Morgan, 'What Not to Collect? Post-Connoisseurial Dystopia and the Profusion of Things', in *Curatopia: Museums and the Future of Curatorship*, ed. Philipp Schorch and Conal McCarthy (Manchester, 2019), pp. 29–43.

10 Paul Cornish, 'Extremes of Collecting at the Imperial War Museum, 1917–2009: Struggles with the Large and the Ephemeral', in *Extreme Collecting: Challenging Practices for 21st Century Museums*, ed. Graeme Were and J.C.H. King (New York, 2012), pp. 157–167.

11 Alison Boyle, 'Collecting and Interpreting Contemporary Science, Technology and Medicine at the Science Museum', in *Patrimoine contemporain des sciences et techniques*, ed. Catherine Ballé et al. (Paris, 2016), pp. 353–362.

12 Elsa Cox, *Age of Oil* (Edinburgh, 2017); Ellie Swinbank, 'Collecting

and Displaying the Decommissioning of North Sea Oil and Gas at the National Museums Scotland', *Architectus*, LXI (2020), pp. 25–30.

13 Sarah Baines, 'From 2D to 3D: The Story of Graphene in Objects', *Science Museum Group Journal*, X (2018).

14 Pantalony, 'Field Notes: Challenges and Approaches', pp. 80–81.

15 出处同上，第 90 页。

16 David Pantalony, 'Time-of-Flight Mass Spectrometer (TOF2)', unpublished acquisition proposal, Canada Science and Technology Museums Corporation, 19 November 2014, pp. 6 and 4; David Pantalony, 'Field Notes: Mass Spectrometry at the University of Manitoba', https://ingeniumcanada.org, 8 October 2019.

17 Elsa Cox, 'Energy Well Spent: Practical Approaches to Contemporary Collecting at the National Museum of Scotland', in *Patrimoine contemporain des sciences et techniques*, ed. Catherine Ballé et al. (Paris, 2016), pp. 321–330.

18 Kremer, 'A Time to Keep', p. 188.

19 玛尔塔・洛伦索，发给作者的邮件，2017 年 7 月 23 日。

20 Tilly Blyth, 'Information Age? The Challenges of Displaying Information and Communication Technologies', *Science Museum Group Journal*, III (2015).

21 Anna Adamek, 'A Snapshot of Canadian Kitchens Collecting Contemporary Technologies as Historical Evidence for Future Research', in *Challenging Collections: Approaches to the Heritage of Recent Science and Technology*, ed. Alison Boyle and Johannes-Geert Hagmann (Washington, DC, 2017), pp. 134–149

22 National Museum of American History, 'National Museum of American History Implements Collecting Strategy in Response to COVID-19 Pandemic', https://americanhistory.si.edu, 8 April 2020.

23 Robert G. W. Anderson, *The Playfair Collection* (Edinburgh, 1978).

24 Susan M. Pearce, *On Collecting: An Investigation into Collecting in the European Tradition* (London, 1995), p. 407.

25 “小摆设柜（Knick-knackatory）”是关于珍品柜的一个嘲笑用语，指的一堆小物件。这是从《环球杂志》中一篇关于讽刺汉斯·斯隆的作品中获得的，他的藏品构成了大英博物馆的核心，该文章很可能是由古董学家和图书管理员托马斯·赫恩所写。Cited by W. D. Ian Rolfe in J. M. Chalmers-Hunt, ed., *Natural History Auctions, 1700–1972: A Register of Sales in the British Isles* (London, 1976), p. 36。

26 Alan Q. Morton and Jane A. Wess, *Public and Private Science: The King George III Collection* (Oxford, 1993); Alexandra Rose and Jane Desborough, *Science City: Craft, Commerce and Curiosity in London, 1550–1800* (London, 2020).

27 Sebastian Chan and Aaron Cope, ‘Planetary: Collecting and Preserving Code as a Living Object’, www.cooperhewitt.org, 26 August 2013; Petrina Foti, *Collecting and Exhibiting Computer Based Technology* (Abingdon, 2019).

28 Science Museum, ‘Superbugs: The Fight for Our Lives’, www.sciencemuseum.org.uk, 9 November 2017.

29 Clifford Lynch, ‘Stewardship in the “Age of Algorithms”’, https://firstmonday.org, 4 December 2017.

30 Yuk Hui, *On the Existence of Digital Objects* (Minneapolis, MN, 2016), p. 5.

31 Henry Lowood, ‘Defining the Software Collection’, in *Challenging Collections: Approaches to the Heritage of Recent Science and Technology*, ed. Alison Boyle and Johannes-Geert Hagmann (Washington, DC, 2017), pp. 68–86.

32 Ross Parry, ‘The End of the Beginning: Normativity in the Postdigital Museum’, *Museum Worlds*, I (2013), pp. 24–39.

33 Quoted in John E. Simmons, *Things Great and Small: Collection*

Management Policies (Washington, DC, 2006), p. 51.

34 有关最近的一次讨论，请参阅 Jennie Morgan and Sharon Macdonald, 'De-Growing Museum Collections for New Heritage Futures', *International Journal of Heritage Studies*, XXVI (2020), pp. 56–70。

35 Robert Bud, 'Collecting for the Science Museum: Constructing the Collections, the Culture and the Institution', in *Science for the Nation: Perspectives on the History of the Science Museum*, ed. Peter J. T. Morris (London, 2010), pp. 266–288.

36 Phillipson, 'Collections Development in Hindsight'.

37 National Maritime Museum, 'National Maritime Museum Collections Reform Project', www.rmg.co.uk, 30 November 2004.

38 Scottish Transport and Industrial Collections Knowledge Network, 'Old Tools, New Uses', http://stickssn.org, October 2011.

39 National Air and Space Museum, '2018 –NASM Objects Available for Transfer', https://airandspace.si.edu, 21 December 2018.

40 Ingenium – Canada's Museums of Science and Innovation, *Annual Report, 2017–18* (Ottawa, 2018).

41 Anonymous curator, quoted in Harald Fredheim, Sharon Macdonald and Jennie Morgan, *Profusion in Museums: A Report on Contemporary Collecting and Disposal* (York, 2018), p. 21.

42 Science Museum Group, *Collection Development*, p. 3.

43 Pantalony, 'Time-of-Flight Mass Spectrometer (TOF2)', p. 4.

44 戴维・潘特罗尼，发给作者的邮件，2020 年 12 月 3 日。

第三章　库房里的珍宝

1 James D. Inglis, 'Typewriters and Commerce in Scotland, 1875–1930', PhD thesis, St Andrews, 2022; on Smithies, see Malcolm Robert Petrie, 'Public Politics and Traditions of Popular Protest: Demonstrations of the

Unemployed in Dundee and Edinburgh, c. 1921–1939', *Contemporary British History*, XXVII (2013), pp. 490–513.

2 Hilary Geoghegan and Alison Hess, 'Object-Love at the Science Museum: Cultural Geographies of Museum Storerooms', *Cultural Geographies*, XXII (2015), pp. 445–465 [p. 451]。其他将学术注意力从展览和收藏转移到博物馆存储的学者包括 Mirjam Brusius and Kavita Singh, eds, *Museum Storage and Meaning: Tales from the Crypt* (Abingdon,2018); Stefan Oláh and Martina Griesser-Stermscheg, eds, *Museumsdepots: Inside the Museum Storage* (Salzburg, 2014); 一个自传体式的描述可以在 Richard Fortey, *Dry Store Room No. 1: The Secret Life of the Natural History Museum* (London, 2008) 中找到。

3 有关广泛的统计信息，请参阅 Suzanne Keene, ed., *Collections for People: Museums' Stored Collections as a Public Resource* (London, 2008); Heritage Preservation and the Institute of Museum and Library Services, *A Public Trust at Risk: The Heritage Health Index Report on the State of America's Collections* (Washington, DC, 2005)。

4 GWP Architecture, *Science Museum Group – Building One Collections Storage Facility: Pre-Application Enquiry* (London, 2017).

5 Sonia Mendes, 'Ingenium's Collections Conservation Centre: Bringing Canada's Past into the Future', *Muse Magazine* (March-April 2019), pp. 24–31.

6 Marie Grima, 'The Tod Head Lighthouse Lantern', *Architectus*, LXI (2020), pp. 9–16.

7 Association of British Transport and Engineering Museums, *Guidelines for the Care of Larger and Working Historic Objects* (London, 2018).

8 Andrew Howe and Jacek Wiklo, 'Riverside Museum: Buildinga New State of the Art Transport and Technology Museum in Glasgow, Scotland', http://bigstuff.omeka.net, 2013.

9 Sharon Macdonald, *Behind the Scenes at the Science Museum* (London, 2002).

10 Sharon Macdonald, 'Museum Storerooms', https://heritage-futures.org, accessed 19 December 2021.

11 See, for example, Janine Fox, 'One Year On: A Move Project Team Update', https://blogs.mhs.ox.ac.uk, 31 August 2017.

12 HM Treasury, *Spending Review and Autumn Statement 2015* (London, 2015).

13 Alison Morrison-Low, book review of Gerard L'Estrange Turner, *The Practice of Science in the Nineteenth Century, Technology and Culture*, XXXIX (1998), pp. 563–564 [p. 563].

14 路易斯·沃尔克默（Louis Volkmer），与作者的对话，爱丁堡，2018 年 3 月 6 日；他当时刚从在德意志博物馆举行的“物理学史上的物质文化”国际研讨会回来，2018 年 2 月 26 日至 3 月 2 日。

15 Nicholas Thomas, *The Return of Curiosity: What Museums Are Good For in the 21st Century* (London, 2016).

16 詹姆斯·英格利斯，发给作者的邮件，2018 年 7 月 3 日。See Inglis, 'Typewriters and Commerce in Scotland'。

17 Steven Lubar, *Inside the Lost Museum: Curating, Past and Present* (Cambridge, MA, 2017).

18 David Pantalony, 'Collectors, Displays and Replicas in Context: What We Can Learn from Provenance Research in Science Museums', in *The Romance of Science*, ed. Jed Buchwald and Larry Stewart (Cham, 2017), pp. 255–275.

19 Thomas, *The Return of Curiosity*.

20 Katharine Anderson et al., 'Reading Instruments: Objects, Texts and Museums', *Science and Education*, XXII (2013), pp. 1167–1189 [p. 1173]. See also David Pantalony, 'What Remains: The Enduring Value of Museum Collections in the Digital Age', *HOST: Journal of History of Science and Technology*, XIV (2020), pp. 160–182.

21 在 2007 年至 2017 年，路易斯·沃尔克默调查了科学杂志《Isis》的历史，詹姆斯·英格利斯则研究了《技术与文化》。在 343 篇文章中，只有 11 篇表明作者直接体验过博物馆物品。请参阅 Samuel J.M.M. Alberti, Alison Boyle, James Inglis and Louis Volkmer, 'The Immaterial Turn? How Historians of Science and Technology Use Material Culture', in *Understanding Use*, ed. Tim Boon et al. (Washington, DC, forthcoming)。

22 Elizabeth Haines and Anna Woodham, 'Mobilising the Energyin Store', *Science Museum Group Journal*, XII (2019); Anna Woodham, Alison Hess and Rhianedd Smith, eds, *Exploring Emotion, Care, and Enthusiasm in 'Unloved' Museum Collections* (Leeds, 2020).

23 Simon Stephens, 'The Art of Science', *Museums Journal* (February2012), pp. 34–37 [p. 37].

24 前者是一个未命名的博物馆，可能是虚构的；后者是“思想池”（Thinktank），即伯明翰科学博物馆（Birmingham Science Museum），由杰克·柯比提供。

25 Martha Fleming, 'People, Places and Things: New Models for Collections-Based Research', www.vam.ac.uk, 20 March 2017.

26 See, for example, Richard Dunn and Rebekah Higgitt, *Finding Longitude: How Clocks and Stars Helped Solve the Longitude Problem* (Glasgow, 2014).

27 Henrik Treimo, 'Sketches to a Methodology for Museum Research', in *Exhibitions as Research: Experimental Methods in Museums*, ed. Peter Bjerregaard (Abingdon, 2020), pp. 19–39.

28 Science Museum Group, 'Research Strategy', www.sciencemuseumgroup.org.uk, 2018.

29 Nicky Reeves, 'Visible Storage, Visible Labour?', in *Museum Storage and Meaning: Tales from the Crypt*, ed. Mirjam Brusius and KavitaSingh (Abingdon, 2018), pp. 55–63 [p 58]; Thomas Thiemeyer, 'The Storeroom as Promise: The Discovery of the EthnologicalMuseum Depot as an

Exhibition Method in the 1970s', *Museum Anthropology*, XL (2017), pp. 143–157.

30 Trevor Jones, 'A (Practical) Inspiration: Do You Know What It Costs You to Collect?', in *Active Collections*, ed. Elizabeth Wood, Rainey Tisdale and Trevor Jones (New York, 2018), pp. 141–144; Nick Merriman, 'Museum Collections and Sustainability', *Cultural Trends*, XVII (2008), pp. 3–21。我要感谢克劳斯·斯托伯曼（Klaus Staubermann）提供了短语"永恒的碎片"。

31 Ólöf Gerður Sigfúsdóttir, 'Blind Spots: Museology on Museum Research', *Museum Management and Curatorship*, XXXV (2020), pp. 196–209.

第四章　与藏品互动

1 Nanoscale Informal Science Education Network, 'Exploring Materials – Ferrofluid', www.nisenet.org, 2013.

2 National Informal STEM Education Network, *Report to Partners 2005–2016* (Boston, MA, 2017).

3 Ecsite, *Together: Annual Report* (Brussels, 2018).

4 Science Museum Group, Written Evidence to Science and Technology Committee, http://data.parliament.uk, April 2016, paragraph 3.1.

5 Rae Ostman, *Nano Exhibition: Creating a Small-Footprint Exhibition with a Big Impact* (Saint Paul, MN, 2015), p. 7; Rae Ostman and Catherine McCarthy, '*Nano*: Creating an Exhibition That Is Inclusive of Multiple and Diverse Audiences', *Exhibitionist*, XXXIV (Fall 2015), pp. 34–39.

6 Sandra Murriello and Marcelo Knobel, 'Nano Adventure: AnInteractive Exhibition in Brazil', in *Science Exhibitions: Curation and Design*, ed. Anastasia Filippoupoliti (Edinburgh, 2010), pp. 394–414; Paul A.

Youngman and Ljiljana Fruk, ‘A Nanochemistand a Nanohumanist Take a Walk through the German Museum: An Analysis of the Popularization of Nanoscience and Technology in Germany’, *Journal of Conservation and Museum Studies*, XII (2014), pp. 1–8.

7 作者的实地调查，伦敦科学博物馆，2020 年 1 月 24 日；Alexandra Rose and Jane Desborough, *Science City: Craft, Commerce and Curiosity in London, 1550–1800* (London, 2020), p. 20。

8 Emily Cronin, ‘The Future of Travelling Exhibitions’, *Spokes*, LII (May 2019).

9 Melanie Jahreis, Sara Marquart and Nina Möllers, eds, *Kosmos Kaffee* (Munich, 2019).

10 Henrik Treimo, ‘Mind Gap’, *Interdisciplinary Science Reviews*, XXXVIII (2013), pp. 259–274 [pp. 259, 267–268].

11 正如旧金山探索馆所阐述的那样：Kathleen McLean and Catherine McEver, eds, *Are We There Yet? Conversations about Best Practices in Science Exhibition Development* (San Francisco, CA, 2004)。

12 Helen Graham, ‘The “Co” in Co-Production: Museums, Community Participation and Science and Technology Studies’, *Science Museum Group Journal*, V (2016).

13 Alison Boyle, ‘SIS Members Are Instrumental in New Science Museum Gallery’, *Bulletin of the Scientific Instrument Society*, CXLII (2019), pp. 33–34.

14 Hope-Stone Research and National Museums Scotland, ‘*Parasites* Exhibition: Audience Research Report’, May 2020, p. 73, National Museums Scotland unpublished evaluation.

15 Treimo, ‘Mind Gap’, pp. 268–269.

16 Elizabeth Jones, from *Genome: Unlocking Life’s Code*, National Museum of Natural History, 2013, cited in American Alliance of Museums, *Excellence in Label Writing, 2014*, www.aam-us.org, 2014.

17 Joshua P. Gutwill and Toni Dancstep, 'Boosting Metacognition in Science Museums: Simple Exhibit Label Designs to Enhance Learning', *Visitor Studies*, XX (2017), pp. 72–88.

18 Haidy Geismar, *Museum Object Lessons for the Digital Age* (London, 2018); Cooper Hewitt, Smithsonian Design Museum, 'Using the Pen', www.cooperhewitt.org, accessed 22 December 2020.

19 作者的实地调查，哈佛大学，马萨诸塞州剑桥市，2017 年 11 月 3 日；Alvin Powell, 'Galileo to Cyclotron: History on Display', *Harvard Gazette*, 15 December 2005。

20 Rebekah Higgitt, 'Challenging Tropes: Genius, Heroic Invention, and the Longitude Problem in the Museum', Isis, CVIII (2017), pp. 371–380.

21 Ian Blatchford, 'If Not Now, When?', www.sciencemuseumgroup.org.uk, 12 June 2020.

22 Elaine Heumann Gurian, 'Offering Safer Public Spaces', *Journal of Museum Education*, XXI (1995), pp. 14–16 [p. 14]. On controversial exhibitions, see Erminia Pedretti and Ana Maria Navas Iannini, *Controversy in Science Museums: Re-Imagining Exhibition Spaces and Practice* (Abingdon, 2020).

23 作者的实地调查，惠普尔科学史博物馆，剑桥大学，2019 年 5 月 8 日。

24 罗莎娜・埃文斯，发给作者的邮件，2019 年 5 月 17 日。

25 Kevin Crowley and Melanie Jacobs, 'Building Islands of Expertisein Everyday Family Activity', in *Learning Conversations in Museums*, ed. Gaea Leinhardt, Kevin Crowley and Karen Knutson (Mahwah, NJ, 2002), pp. 333–356 [p. 333]; Stephan Schwan, Alejandro Grajal and Doris Lewalter, 'Understanding and Engagement in Places of Science Experience: Science Museums, Science Centers, Zoos, and Aquariums', *Educational Psychologist*, XLIX (2014), pp. 70–85.

26 罗莎娜・埃文斯，发给作者的邮件，2019 年 5 月 30 日。

27 Science Museum Group, *Annual Report and Accounts, 2019–20* (London, 2020).

28 Linda Weintraub, 'SUPERFLEX – Join a Cockroach Tour of a Science Museum', http://lindaweintraub.com, 20 November 2015.

29 Christine Reich et al., 'NISE NET: Team-based Inquiry', in *The Reflective Museum Practitioner: Expanding Practice in Science Museums*, ed. Laura W. Martin, Lynn Uyen Tran and Doris B. Ash (Abingdon, 2019), pp. 53–63.

30 Jack Stilgoe, *Nanodialogues: Experiments in Public Engagement with Science* (London, 2007), p. 13; Barbara N. Flagg and Valerie Knight-Williams, *Summative Evaluation of NISE Network's Public Forum: Nanotechnology in Health Care* (Bellport, NY, 2008).

31 Wiktor Gajewski, 'After-Hours Events', *Spokes*, LXI (March 2020).

32 Ellen McCallie et al., 'Learning to Generate Dialogue: Theory, Practice, and Evaluation', *Museums & Social Issues*, II (2007), pp. 165–184 [p. 165].

33 Jessica Brown, 'Man Accidentally Starts Twitter War between Natural History and Science Museums', www.indy100.com,16 September 2017.

34 John Stack, 'How Museums Have Been Transformed by the Digital Revolution', www.jisc.ac.uk, 26 February 2019.

35 Mitchell Whitelaw, 'Generous Interfaces for Digital Cultural Collections', *Digital Humanities Quarterly*, IX (2015), paragraph 46.

36 Science Museum Group, 'Search Our Collection', http://collection.sciencemuseum.org.uk, accessed 31 December 2021.

37 Kira Zumkley, 'Taking Collection Digitisation to the Next Level', www.sciencemuseumgroup.org.uk, 2 October 2018.

38 Stack, 'How Museums Have Been Transformed'.

39 Ian Sample, 'The Royal Tweet: Queen Sends First Twitter Message', *The Guardian*, 24 October 2014; Valentine Low, 'Queen Posts First Instagram

Photo at Science Museum', *The Times*, 7 March 2019.

40 截至 2019 年 6 月 30 日，我记录了下述机构最近 5 天的 5 个博客、脸书上的帖子、照片墙上的帖子、视频和故事、油管上的视频，以及任何推文，包括加拿大科技博物馆（而非其母机构加拿大国立科技博物馆团体）、德意志博物馆、旧金山探索馆（一个科学中心以用于比较）、苏格兰国家博物馆集团（一个多学科博物馆以用于比较，但仅记录与科技藏品相关的内容）和伦敦科学博物馆（确切地说是伦敦的场馆，而不是科学博物馆集团）。我总共考察了 165 个与宣传、活动、展览、器物图片、员工活动、博物馆实践和“历史上的今天”的历史事件有关的帖子。

41 Paige Brown Jarreau, Nicole Smith Dahmen and Ember Jones,'Instagram and the Science Museum: A Missed Opportunity for Public Engagement', *Journal of Science Communication*, XVIII (2019), A06, pp. 1–22.

42 Boris Jardine, Joshua Nall and James Hyslop, 'More than Mensing? Revisiting the Question of Fake Scientific Instruments', *Bulletin of the Scientific Instrument Society*, CXXXII (2017), pp. 22–29.

43 Katie Birkwood, 'Make Your Own Anatomical Manikin: Human Anatomy Model Inspired by Andreas Vesalius', https://history.rcplondon.ac.uk, 17 April 2020.

44 Paul R. Brewer and Barbara L. Ley, '"Where My Ladies At?" Online Videos, Gender, and Science Attitudes among University Students', *International Journal of Gender, Science and Technology*, IX (2018), pp. 278–297.

45 Russell Dornan, 'Should Museums Have a Personality?', https://medium.com, 9 March 2017.

46 Vickie Curtis, *Parasites: Battle for Survival* ethnographic visitor observation, 29 February 2020, National Museums Scotland; Hope-Stone Research and National Museums Scotland, '*Parasites* Exhibition: Audience Research Report', May 2020, p. 21, National Museums

Scotland unpublished evaluation.

47 Jenny Kidd, 'Digital Media Ethics and Museum Communication', in *The Routledge Handbook of Museums, Media and Communication*, ed. Kirsten Drotner et al. (London, 2019), pp. 193–204 [p. 195].

48 有大量关于学习理论应用于博物馆的文献：例如，请参阅 John H. Falk and Lynn D. Dierking, *Learning from Museums*, 2nd edn (Lanham, MD, 2018)。

49 Neta Shaby, Orit Ben-Zvi Assaraf and Tali Tal, 'Engagement in a Science Museum: The Role of Social Interactions', *Visitor Studies*, XXII (2019), pp. 1–20.

50 Pedretti and Navas Iannini, *Controversy in Science Museums*, p. 168; Sarah R. Davies, 'Knowing and Loving: Public Engagement beyond Discourse', *Science & Technology Studies*, XXVII (2014), pp. 90–110.

51 David Holdsworth, 'History, Nostalgia and Software', in *Making the History of Computing Relevant*, ed. Arthur Tatnall, Tilly Blyth and Roger Johnson (Heidelberg, 2013), pp. 266–273.

52 作者的实地调查，伦敦科学博物馆，2020 年 1 月 24 日。

53 瓦次普（WhatsApp）致作者的信息，2020 年 5 月 29 日，原文强调。

54 Falk and Dierking, *Learning from Museums*.

55 Paul DeHart Hurd, 'Science Literacy: Its Meaning for American Schools', *Educational Leadership*, XVI (1958), pp. 13–16 and 52; 关于其在科学博物馆中的发展和部署的综述，请参阅 Pedretti and Navas Iannini, *Controversy in Science Museums*。

56 Louise Archer et al., *Science Capital Made Clear* (London, 2016), p. 2。路易斯·阿彻（Louise Archer）领导了关注儿童的科学抱负与职业选择（ASPIRES）的项目，该项目开发了这些概念。有关更多详细信息，请参阅 Louise Archer et al., '"Science Capital": A Conceptual, Methodological, and Empirical Argumentfor Extending Bourdieusian Notions of Capital beyond the Arts', *Journal of Research in Science*

Teaching, LII (2015), pp. 922–948。

57 Elizabeth Kunz Kollmann et al., *NISE Net Research on How Visitors Find and Discuss Relevance in the Nano Exhibition* (Boston, MA, 2015), p. 5.

58 Ipsos MORI, *Public Attitudes to Science, 2014* (London, 2014).

59 Hope-Stone Research and National Museums Scotland, 'Get Energised 2018–19 Evaluation Findings', May 2019, p. 34; '*Parasites* Exhibition: Audience Research Report', May 2020, p. 74, National Museums Scotland unpublished evaluation.

60 Constanze Hampp and Stephan Schwan, 'The Role of Authentic Objects in Museums of the History of Science and Technology: Findings from a Visitor Study', *International Journal of Science Education*, Part B, V (2015), pp. 161–181.

61 Science Museum Group, Written Evidence to Science and Technology Committee, http://data.parliament.uk, April 2016, paragraph 4.3.

62 Robin Boast, 'Neocolonial Collaboration: Museum as Contact Zone Revisited', *Museum Anthropology*, XXXIV (2011), pp. 56–70.

63 David Chittenden, 'Roles, Opportunities, and Challenges: Science Museums Engaging the Public in Emerging Science and Technology', *Journal of Nanoparticle Research*, XIII (2011), pp. 1549–1556 [p. 1550].

64 Sharon Macdonald, 'Exhibition Experiments: Publics, Politics and Scientific Controversy', in *Science Exhibitions: Curation and Design*, ed. Anastasia Filippoupoliti (Edinburgh, 2010), pp. 138–151[p. 141].

第五章　利用藏品开展的运动

1 Nina Möllers, Christian Schwägerl and Helmuth Trischler, eds, *Welcome to the Anthropocene: The Earth in Our Hands* (Munich, 2015); Deutsches Museum, 'Die Traktoren kommen', www.instagram.com/tv/CGW7-wlJ98T, accessed 15 April 2022.

2 Deutsches Museum, 'Leitbild', www.deutsches-museum.de, accessed 19 December 2021.

3 See, for example, Fiona Cameron, 'Young People, Climate Mobilisation and Science Centre Alliances', *Spokes*, CXVIII (2020); and Ipsos MORI, *Veracity Index 2020: Trust in Professions Survey* (London, 2020)，在受调查的 30 个类别中，只有医生、工程师、教师、法官、科学家和教授比策展人更受信任。

4 Elaine Heumann Gurian, 'Offering Safer Public Spaces', *Journal of Museum Education*, XXII (1995), pp. 14–16 [p. 14].

5 Anonymized respondent, cited in Marianne Achiam and JanSølberg, 'Nine Meta-Functions for Science Museums and Science Centres', *Museum Management and Curatorship*, XXXII (2017), pp. 123–143 [p. 136].

6 Erminia Pedretti and Ana Maria Navas Iannini, *Controversy in Science Museums: Re-Imagining Exhibition Spaces and Practice* (Abingdon, 2020).

7 这种行动主义的表述来自 Sandra L. Rodegherand Stacey Vicario Freeman, 'Advocacy and Action', in *Museum Activism*, ed. Robert R. Janes and Richard Sandell (Abingdon, 2019), pp. 337–347。

8 数据来自对美国全国的知名度、态度及使用状况研究 (U.S. National Awareness, Attitudes, and Usage), cited in Colleen Dilenschneider, 'People Trust Museums More than Newspapers', www.colleendilen.com, 26 April 2017; see also Fiona R. Cameron, 'Climate Change, Agencies, and the Museum for a Complex World', *Museum Management and Curatorship*, XXVII (2012), pp. 317–339。

9 Karen Knutson, 'Rethinking Museum/Community Partnerships', in *The Routledge Handbook of Museums, Media and Communication*, ed. Kirsten Drotner et al. (London, 2019), pp. 101–114.

10 Jennifer Newell, 'Talking around Objects: Stories for Living with

Climate Change', in *Curating the Future: Museums, Communities and Climate Change*, ed. Jennifer Newell, Libby Robin and KirstenWehner (Abingdon, 2017), pp. 34–49.

11 Ingenium – Canada's Museums of Science and Innovation, 'From Earth to Us', https://ingeniumcanada.org, accessed 13 November 2020; Katherine Anderson and Jan Hadlaw, 'The Canada Scienceand Technology Museum', *Technology and Culture*, LIX (2018), pp. 781–786.

12 Möllers, *Welcome to the Anthropocene*, pp. 130, 131. See also Lotte Isager, Line Vestergaard Knudsen and Ida Theilade, 'A New Keyword in the Museum: Exhibiting the Anthropocene', *Museum and Society*, XIX (2021), pp. 88–107.

13 Nina Möllers, Luke Keogh and Helmuth Trischler, 'A New Machinein the Garden? Staging Technospheres in the Anthropocene', in *Gardens and Human Agency in the Anthropocene*, ed. Maria Paula Diogo et al. (Abingdon, 2019), pp. 161–179 [p. 166].

14 Nina Möllers, 'Cur(at)ing the Planet: How to Exhibit the Anthropocene and Why', *RCC [Rachel Carson Centre] Perspectives*, III (2013), pp. 57–66 [p. 63].

15 Möllers, *Welcome to the Anthropocene*, p. 123; cf. Cameron, 'Climate Change'.

16 Möllers, 'Cur(at)ing the Planet', p. 60.

17 Finn Arne Jørgensen and Dolly Jørgensen, 'The Anthropocene as a History of Technology: *Welcome to the Anthropocene: The Earth in Our Hands,* Deutsches Museum, Munich', *Technology and Culture*, LVII (2016), pp. 231–237 [p. 233].

18 Anthony Leiserowitz and Nicholas Smith, *Knowledge of Climate Change among Visitors to Science & Technology Museums* (New Haven, CT, 2011).

19 Robert R. Janes, 'The End of Neutrality: A Modest Manifesto', *Informal*

Learning Review, CXXXV (2015), pp. 3–8.

20 Mel Evans, *Artwash: Big Oil and the Arts* (London, 2015).

21 Steve Bird, 'Student Climate Change Activist Plan to Target Science Museum over Oil Sponsorship', *Daily Telegraph*, 5 October 2019.

22 Ian Blatchford, 'Wonderlab: The Statoil Gallery at the Science Museum', *Spokes*, XXIV (2016); Ian Blatchford, 'Setting Out Our Approach to the Century's Defining Challenge', www.sciencemuseumgroup.org.uk, 18 November 2020.

23 Science Museum Group, 'Science Museum Group Announces Major Public Programme on Climate Change', www.sciencemuseum.org.uk, 4 February 2020.

24 Beginning with Roger Highfield, 'Coronavirus: What We Know (and Don't Know) about the Virus', www.sciencemuseumgroup.org.uk, 23 March 2020.

25 Natural History Museum, 'Museum Botanist Dr Sandy Knapp has Studied Plants for 40 Years', www.instagram.com/p/B-rVBCOhucF,7 April 2020。这篇帖子仍然存在，但对话已经被移除了。

26 Quoted in Michael Creek et al., eds, *Tackling Misinformation: A Collection of Research and Resources for Science Engagement Professionals Addressing the Spread of Inaccurate Information about Science and Scientists*, www.ecsite.eu, 2020. p. 20.

27 António Gomes da Costa, 'From Ear Candling to Trump: Science Communication in the Post-Truth World', *Spokes*, XXVII (2017).

28 Richard Sandell, *Museums, Moralities and Human Rights* (Abingdon, 2017).

29 Katherine Ott, 'To Junius Wilson, Bikes Meant Freedom', https://americanhistory.si.edu, 23 July 2015; Susan Burch and Hannah Joyner, *Unspeakable: The Story of Junius Wilson* (Chapel Hill, NC, 2007).

30 Pallavi Podapai, 'Exhibit Lab at the Science History Institute', http://

allofusdha.org, 18 November 2019.

31 Quoted in Sophie Goggins, Tacye Phillipson and Samuel J.M.M. Alberti, 'Prosthetic Limbs on Display: From Maker to User', *Science Museum Group Journal*, Ⅷ (2017).

32 Stephen Mullen, 'The Rise of James Watt', in *James Watt (1736–1819): Culture, Innovation and Enlightenment*, ed. Caroline Archer-Parré and Malcolm Dick (Liverpool, 2020), pp. 39–60; Eric Williams, *Capitalism and Slavery* (Chapel Hill, NC, 1944).

33 Chris Flink, 'Black Lives Matter', www.exploratorium.edu, 8 June 2020; Christina Tessier, 'Ingenium's Response to Recent Racial Violence', https://ingeniumcanada.org, accessed 1 November 2020.

34 Ian Blatchford, 'If Not Now, When?', www.sciencemuseumgroup.org.uk, 12 June 2020; Nadine White, 'Science Museum Criticised by Staff over Lack of Response to Black Lives Matter Movement', *Huffington Post*, 12 June 2020.

35 Tilly Blyth, 'Rethinking Collections Research', www.science museum group.org.uk, 10 July 2020.

36 出处同上。

37 Bernadette T. Lynch and Samuel J.M.M. Alberti, 'Legacies of Prejudice: Racism, Co-Production and Radical Trust in the Museum', *Museum Management and Curatorship*, XXV (2010), pp. 13–35; see also Richard Sandell, *Museums, Prejudice and the Reframing of Difference* (Abingdon, 2007).

38 Samuel J.M.M. Alberti, 'Museum Nature', in *Worlds of Natural History*, ed. Helen Ann Curry et al. (Cambridge, 2018), pp. 348–362.

39 Flink, 'Black Lives Matter'.

40 Hooley McLaughlin, 'Youth and the Challenge to Define the Museum of the Future', in *Science Museums in Transition: Unheard Voices*, ed. Hooley McLaughlin and Judy Diamond (Abingdon, 2020), pp. 80–89 [p. 81].

41 匿名参观者，由佩德雷蒂（Pedretti）和纳瓦斯·扬尼尼（Navas Iannini）采访和引用，*Controversy in Science Museums*, p. 169。

42 Dominic Berry, 'Review: FOLK Exhibition, Oslo', *Viewpoint*, CXVIII (2019), p. 14.

43 Kaja Hannedatter Sontum, 'The Co-Production of Difference? Exploring Urban Youths' Negotiations of Identity in Meeting with Difficult Heritage of Human Classification', *Museums & Social Issues*, XIII (2018), pp. 43–57 [p. 43].

44 Flink, 'Black Lives Matter'.

45 Science and Industry Museum, '#bornthisday Marie Van Brittan Brown', https://twitter.com/sim_manchester, 30 October 2020; Camille Leadbetter, 'First Impressions of the Portrait of Sir John Chardin', https://blogs.mhs.ox.ac.uk, 15 December 2020.

46 Margot Lee Shetterly, *Hidden Figures: The Story of the African-American Women Who Helped Win the Space Race* (London, 2016); Ellen Stofan, 'Remembering Katherine Johnson: NASA Mathematician Calculated Mission Flight Paths and Continues to Inspire', https://airandspace.si.edu, 25 February 2020.

47 Flink, 'Black Lives Matter'.

48 匿名参观者，由佩德雷蒂和纳瓦斯·扬尼尼采访和引用，*Controversy in Science Museums*, pp. 169 and 176。

第六章 活跃的藏品

1 Tilly Blyth, 'Rethinking Collections Research', www.sciencemuseumgroup.org.uk, 10 July 2020.

2 匿名策展人，由佩德雷蒂和纳瓦斯·扬尼尼采访和引用，*Controversy in Science Museums: Re-Imagining Exhibition Spaces and Practice* (Abingdon, 2020), pp. 101–102。

3 Trevor Jones and Rainey Tisdale, 'A Manifesto for Active History Museum Collections', in *Active Collections*, ed. Elizabeth Wood, Rainey Tisdale and Trevor Jones (New York, 2018), pp. 7–10.

4 Bill Watson and Shari Rosenstein Werb, 'One Hundred Strong: A Colloquium on Transforming Natural History Museums in the Twenty-First Century', *Curator: The Museum Journal*, CVI (2013), pp. 255–265; Karen Knutson, 'Rethinking Museum/Community Partnerships', in *The Routledge Handbook of Museums, Media and Communication*, ed. Kirsten Drotner et al. (London, 2019), pp. 101–114.

5 Nina Simon, *The Art of Relevance* (Santa Cruz, CA, 2016). Marianne Achiam and Jan Sølberg, 'Nine Meta-Functions for Science Museums and Science Centres', *Museum Management and Curatorship*, XXXII (2017), pp. 123–143.

精选书目

Achiam, Marianne, and Jan Solberg, 'Nine Meta-Functions for Science Museums and Science Centres', *Museum Management and Curatorship*, XXXII (2017), pp. 123–143.

Alberti, Samuel J.M.M., and Elizabeth Hallam, eds, *Medical Museums: Past, Present, Future* (London, 2013).

Anderson, Katharine, Mélanie Frappier, Elizabeth Neswald and Henry Trim, 'Reading Instruments: Objects, Texts andMuseums', *Science and Education*, XXII (2013), pp. 1167–1189.

Ballé, Catherine, et al., eds, *Patrimoine contemporain des sciences et techniques* (Paris, 2016).

Bjerregaard, Peter, ed., *Exhibitions as Research: Experimental Methods in Museums* (Abingdon, 2020).

Boyle, Alison, and Johannes-Geert Hagmann, eds, *Challenging Collections: Approaches to the Heritage of Recent Science and Technology* (Washington, DC, 2017).

Brusius, Mirjam, and Kavita Singh, eds, *Museum Storage and Meaning: Tales from the Crypt* (Abingdon, 2018).

Canadelli, Elena, Marco Beretta and Laura Ronzon, eds, *Behind the Exhibit: Displaying Science and Technology at World's Fairs and Museums in the Twentieth Century* (Washington, DC, 2019).

Cavalli-Björkman, Görel, and Svante Lindqvist, eds, *Research and Museums*

(Stockholm, 2008).

Dawson, Emily, *Equity, Exclusion and Everyday Science Learning: The Experiences of Minoritised Groups* (London, 2019).

Filippoupoliti, Anastasia, ed., *Science Exhibitions*, 2 vols (Edinburgh, 2010).

Fortey, Richard, *Dry Store Room No. 1: The Secret Life of the Natural History Museum* (London, 2008).

Geoghegan, Hilary, and Alison Hess, 'Object-Love at the Science Museum: Cultural Geographies of Museum Storerooms', *Cultural Geographies*, XXII (2015), pp. 445–465.

Gutwill, Joshua P., and Sue Allen, *Group Inquiry at Science Museum Exhibits: Getting Visitors to Ask Juicy Questions* (San Francisco, CA, 2017).

Hampp, Constanze, and Stephan Schwan, 'The Role of Authentic Objects in Museums of the History of Science and Technology: Findings from a Visitor Study', *International Journal of Science Education*, Part B, V (2015), pp. 161–181.

Janes, Robert R., and Richard Sandell, eds, *Museum Activism* (Abingdon, 2019).

Lindqvist, Svante, ed. *Museums of Modern Science* (Canton, MA, 2000).

Lubar, Steven, *Inside the Lost Museum: Curating, Past and Present* (Cambridge, MA, 2017).

Macdonald, Sharon, *Behind the Scenes at the Science Museum* (London, 2002).

McLaughlin, Hooley, and Judy Diamond, eds, *Science Museums in Transition: Unheard Voices* (Abingdon, 2020).

Morris, Peter J. T., ed., *Science for the Nation: Perspectives on the History of the Science Museum* (London, 2010).

Newell, Jennifer, Libby Robin and Kirsten Wehner, eds, *Curating the Future: Museums, Communities and Climate Change* (Abingdon, 2017).

Pantalony, David, 'What Remains: The Enduring Value of Museum Collections in the Digital Age', *HOST – Journal of History of Science and Technology*, XIV (2020), pp. 160–182.

Pedretti, Erminia, and Ana Maria Navas Iannini, *Controversy in Science Museums: Re-Imagining Exhibition Spaces and Practice* (Abingdon, 2020).

Post, Robert C., *Who Owns America's Past? The Smithsonian and the Problem of History* (Baltimore, MD, 2013).

Rader, Karen A., and Victoria E. M. Cain, *Life on Display: Revolutionizing U.S. Museums of Science and Natural History in the Twentieth Century* (Chicago, IL, 2014).

Sandell, Richard, *Museums, Moralities and Human Rights* (Abingdon, 2017).

—, et al., eds, *Re-Presenting Disability: Activism and Agency in the Museum* (Abingdon, 2010).

Schorch, Philipp, and Conal McCarthy, eds, *Curatopia: Museums and the Future of Curatorship* (Manchester, 2019).

Science Museum Group Journal (2014–).

Thomas, Nicholas, *The Return of Curiosity: What Museums Are Good For in the 21st Century* (London, 2016).

Wood, Elizabeth, Rainey Tisdale and Trevor Jones, eds, *Active Collections* (New York, 2018).

Woodham, Anna, Alison Hess and Rhianedd Smith, eds, *Exploring Emotion, Care, and Enthusiasm in 'Unloved' Museum Collections* (Leeds, 2020).

图书在版编目（CIP）数据

奇仪重器：探索科学博物馆 /（英）塞缪尔·艾伯蒂著；刘骁译 .—
北京：中国工人出版社，2022.11
书名原文：Curious Devices and Mighty Machines: Exploring Science Museums
ISBN 978-7-5008-8010-3

Ⅰ．①奇… Ⅱ．①塞… ②刘… Ⅲ．①科学馆—介绍 Ⅳ．①N28

中国版本图书馆 CIP 数据核字（2022）第 222970 号

著作权合同登记号：图字 01-2022-5837

Curious Devices and Mighty Machines: Exploring Science Museums by Samuel J. M. M. Alberti was first published by Reaktion Books, London, 2022.

奇仪重器：探索科学博物馆

出 版 人	董　宽
责任编辑	邢　璐　陈晓辰
责任校对	丁洋洋
责任印制	黄　丽
出版发行	中国工人出版社
地　　址	北京市东城区鼓楼外大街 45 号　邮编：100120
网　　址	http://www.wp-china.com
电　　话	（010）62005043（总编室）（010）62005039（印制管理中心） （010）62001780（万川文化项目组）
发行热线	（010）82029051　62383056
经　　销	各地书店
印　　刷	北京盛通印刷股份有限公司
开　　本	880 毫米 ×1230 毫米　1/32
印　　张	9.75
字　　数	250 千字
版　　次	2023 年 2 月第 1 版　2023 年 2 月第 1 次印刷
定　　价	68.00 元

本书如有破损、缺页、装订错误，请与本社印制管理中心联系更换